ISABEL GARCÍA

DIE BESSERSPRECHER

ABSCHIED VON DEN GRÖßTEN KOMMUNIKATIONS-IRRTÜMERN

Campus Verlag
Frankfurt/New York

FSC www.fsc.org
MIX
Papier aus verantwortungsvollen Quellen
FSC® C089473

ISBN 978-3-593-50924-2 Print
ISBN 978-3-593-43929-7 E-Book (PDF)
ISBN 978-3-593-43950-1 E-Book (EPUB)

Umschlaggestaltung: total italic, Thierry Wijnberg, Amsterdam/Berlin
Umschlagmotiv: © Shutterstock/Andras Szen und nubenamo
Satz: Oliver Schmitt, Mainz
Gesetzt aus: Joanna Nova und Joanna Sans Nova
Druck und Bindung: Beltz Grafische Betriebe, Bad Langensalza
Printed in Germany
www.campus.de

Inhalt

Vom Gutredner zum Bessersprecher 9

1 **#verschränktearme** 15
Mythos: Mit verschränkten Armen können Sie nicht so gut zuhören und nehmen 38 Prozent weniger Inhalt auf, als wenn Sie mit einer offenen Körperhaltung zuhören.

2 **#wegschauen** 27
Mythos: Wie Sie Ihre Augen bewegen, zeigt, ob Sie lügen oder unsicher sind.

3 **#gehen** 45
Mythos: Wenn Sie bei einer Präsentation zu viel herumlaufen, wirken Sie unsouverän.

4 **#positiverbereich** 59
Mythos: Halten Sie Ihre Hände beim Reden immer im positiven Bereich.

5 **#pacingundleading** 79
Mythos: Spiegeln Sie einfach die Körpersprache, Atmung, Wortwahl Ihres Gegenübers, um es dadurch zu Ihrem Ziel zu führen.

6 **#negationenvermeiden** 89
Mythos: Verwenden Sie keine Negationen, weil Ihr Gehirn die nicht verstehen kann.

7 **#tiefestimme** 103
Mythos: Bass bevorzugt. Mit einer tiefen Bassstimme sind Sie erfolgreicher.

8 **#armeheben** 119
Mythos: Sorgen Sie dafür, dass Ihre Zuhörer gleich am Anfang die Arme heben, um sie aktiv in Ihren Vortrag mit einzubinden. (Version für Mario Barth: »Und die rechte Seite hebt die Hände!! Weißte!!«)

9 **#aber** 129
Mythos: Sagen Sie nie ABER. Sagen Sie dafür UND.

10 **#stimmefeuchthalten** 137
Mythos: Halten Sie Ihre Stimme feucht, und vermeiden Sie deswegen Kaffee.

11 **#siebenprozent** 145
Mythos: Sie überzeugen nur mit 7 Prozent über den Inhalt.

12 **#präsentationszahlen** 155
Mythos: Sie merken sich Inhalte nur zu 10 Prozent, wenn Sie etwas lesen, zu 20 Prozent, wenn Sie etwas hören, und zu 30 Prozent, wenn Sie etwas sehen.

13 **#hüftbreitstehen** 167
Mythos: Mit einem hüftbreiten Stand wirken Sie selbstbewusster.

14 **#positivesdenken** 175
Mythos: Denken Sie immer positiv!

15 **#händeschütteln** 189
Mythos: Mit einem guten Handschlag
wirken Sie positiver.

16 **#duzen** 197
Mythos: Ein Du schafft mehr Nähe.

17 **#ichbotschaften** 207
Mythos: Mit Ich-Botschaften kommunizieren
Sie wertschätzender.

18 **#kommunikationstypen** 215
Mythos: Ich bin rot, du bist blau,
und Herr Schulze ist grün.

Die Worte zum Schluss 225
Ohne euch gäbe es mich nicht 228
Erwähnte Experten, die ich sehr schätze 231

Vom Gutredner zum Bessersprecher

»Jeder kann gut reden? Das ist doch Quatsch.« Diese Reaktion ernte ich immer wieder, wenn ich meine Behauptung aufstelle. »Was ist denn mit denen, die stottern? Oder die ständig Äh sagen oder so krumm dastehen?«

Na, und? Dann können die eben gut reden, obwohl sie stottern, Äh sagen und krumm stehen. Das eine schließt das andere nicht aus. Ich habe einen Jugendfreund, der mit seinem Stottern ein erfolgreicher Richter geworden ist. Stefan Raab ist mit seinen zahlreichen Ähs einer der erfolgreichsten Moderatoren im deutschen Fernsehen geworden. Und am Ende seines Lebens hat Helmut Schmidt krumm in seinem Rollstuhl gesessen, trotzdem hingen ihm seine Zuhörer an den Lippen.

Dabei spielt es keine Rolle, ob Sie ein Fan von Stefan Raab sind oder ihn gar nicht mögen. Und natürlich ist mir bewusst, dass bei Helmut Schmidt gerade der Rollstuhl später die Körpersprache verändert hat. Fakt ist aber: Beide haben erfolgreich kommuniziert. Bestimmt fällt Ihnen im Bekanntenkreis auch jemand ein, der trotz Macken überzeugend reden kann. Vielleicht eine weibliche Führungskraft, die trotz Piepsstimme ihr Team im Griff hat und ein Projekt nach dem anderen mit sensationellen Ergebnissen abschließt.

Rhetorik wird von vielen so definiert, dass wir mit Kommunikation unsere Ziele erreichen. Verbal und nonverbal. Dabei spielt es keine Rolle, ob Sie jemanden von Ihren Ideen, Projekten, Produkten oder von Ihrer Person überzeugen möchten. Sie haben ein Ziel. Sie kommunizieren. Sie erreichen das Ziel. Das ist der Plan.

Ein Beispiel: Nehmen wir einen Sonntagmorgen. Sie wollen zwölf Brötchen kaufen. Sie nehmen sich Geld, eine Tasche und gehen zum nächsten Bäcker. Wenn Sie nach ein paar Minuten mit zwölf Brötchen dort wieder herauskommen, kann doch niemand behaupten, dass Sie nicht gut kommunizieren können. Denn Sie haben Ihr Ziel erreicht. Sie wollten ja nicht die ganze Bäckerei zum Lachen bringen. Und vielleicht auch nicht, dass Ihnen jeder Anwesende in der Bäckerei versonnen hinterherschaut und denkt: »Wahnsinn. Was hat dieser Mensch für eine tolle, aufrechte Haltung. Und wie der stotterfrei und ohne ein einziges Äh die Brötchen bestellt hat. Ich bin begeistert.«

Trotzdem verwechseln viele Rhetorik mit Perfektion. Und das ist nicht nur bei uns Deutschen so. Die Vorstellung von gutem Reden sieht häufig so aus: charismatische Ausstrahlung, magische Wortwahl, wunderschöne Stimme, hypnotischer Blick und dabei eine Überzeugungskraft zum Niederknien.

Immer wieder bin ich auf Menschen getroffen, die nach einem Kommunikationsseminar völlig verwirrt, verzweifelt oder gar traumatisiert waren: »Was soll ich denn genau tun? Was nicht? Ich funktioniere nicht nach den festen Regeln, die ich dort im Seminar gehört habe. Bin ich falsch? Oder kann ich das einfach nicht?« Doch. Sie können. Und schon gar nicht sind Sie falsch. Viele – vor allem starre – Regeln sind es.

Niemand muss sich komplett neu erfinden, um überzeugend zu reden. Gewollter Perfektionismus lässt uns meistens eher schlechter reden. Deswegen bezeichne ich mich manchmal gerne als Nicht-Trainerin. Weil ich Ihnen zugestehe zu bleiben, wer Sie sind und wie Sie sind. Es geht nicht darum, ob Regeln eingehalten werden, sondern ob der Mensch glaubhaft wirkt. Und ob dieser Mensch mich emotional erreicht. Und ob dieser Mensch wertschätzend auf andere zugeht. Weniger »Ich bin die geilste Socke auf Erden« und mehr »Wie können wir uns besser verstehen?«.

Dieser Gedanke hat weniger mit Naivität oder dem Wunsch nach Weltfrieden zu tun, sondern basiert auf soliden, sachlichen Recherchen. Ich habe Regeln unter die Lupe genommen, die mir unsinnig vorkamen und sich häufig als Mythen herausstellten. Bei einigen war die Grundidee vielleicht noch richtig gut, bevor sie sich ins Absurde verabschiedet hat. Bei manch anderen überzeugt mich noch nicht einmal die Basis.

ZUR SPEAKERSZENE HIN UND ZURÜCK

Ich beschäftige mich mit Kommunikation und Rhetorik, seitdem ich 14 Jahre alt bin. Und das ist schon eine lange Weile her. Wieso ich so früh angefangen habe? Weil ich sowohl schüchtern als auch introvertiert bin. Und als Jugendliche nicht dem klassischen Schönheitsideal entsprochen habe. Reden lernen war für mich ein Lernprozess. Und da ich von den Jungs wahrgenommen werden wollte, übte ich mich in Schlagfertigkeit und verfeinerte meinen Humor. Klappte am Anfang überhaupt nicht. Da war ich dann die Nicht-so-Hübsche mit dem schrägen Humor.

Da ich nicht als rhetorisches Naturtalent auf die Erde geplumpst bin, habe ich mir alles von der Pike auf selbst beigebracht. Dadurch weiß ich genau, wie sich Lampenfieber anfühlt und was Unsicherheit, Stottern und Sprachlosigkeit bedeuten. Ich kenne alles, und ich habe alles überwunden. Mit meinem Weg.

Mittlerweile habe ich mit sehr vielen Menschen gearbeitet, um auch für sie einen passenden Weg zu finden. Erst als Gesangslehrerin, dann als Trainerin von Radiomoderatoren und seit 2003 als Kommunikationstrainerin. 2010 bin ich in die Sphären der Speakerszene aufgestiegen, um mich einige Jahre später offiziell wieder davon zu distanzieren, weil mir diese Welt – trotz vieler großartiger Kollegen – zu oberflächlich war.

Häufig: viel zu hoher Preis für eine Show mit viel Augenwischerei und wenig Inhalt. Und wenn ich mir dann die Inhalte genauer ansehe, entdecke ich oft altes Wissen, das schon längst widerlegt wurde, Aufgewärmtes, das man schon lange nicht mehr hören mag, oder »Fakten«, die komplett fehlinterpretiert werden. Tipps, die lustig klingen, aber den Zuhörern wenig helfen. Von Alltagstauglichkeit keine Spur.

Immer wieder wurde ich gefragt, warum ich dieses Buch schreibe. Mir ist es ein Bedürfnis, Ihnen meinen Weg zum Ziel aufzuzeigen. Und Ihnen mitzugeben, dass Sie erstens schon jetzt gut reden können und zweitens mit meinen Tipps auch noch zu Bessersprechern werden.

Dieser Weg führt manchmal zu einigen Regeln hin und manchmal von ihnen weg, wenn sie sich als Mythos entpuppen. Perfektionismus wird auf dem Sondermüll entsorgt und ersetzt durch Methoden, die mit mehr Gelassenheit gute Gespräche, erfolgreiche Verhandlungen und überzeugende Präsentationen entstehen lassen. Mit Leichtigkeit. Mit einem authentischen Auftreten.

Gehen Sie einen Weg, bei dem Sie sich rhetorisch verbessern, ohne sich zu verbiegen. Die eine oder andere Regel wird Ihnen helfen, doch keine einzige Regel ist allgemeingültig. Dies ist meine feste Überzeugung. Verbannen Sie mit mir das Schwarz-Weiß-Denken. Das Leben ist bunt, und die Kommunikation ist ein Teil davon. Daher bin ich auch nicht gegen jede Rhetorikregel. Vielmehr möchte ich Sie dazu anregen, beim nächsten Training nicht Ihr Gehirn und den klaren Menschenverstand an der Seminargarderobe abzugeben. Nichts ist gegeben. Nichts ist gesetzt. Sie dürfen bei der einen Regel juchhu rufen und bei der anderen bäh denken.

HALLO, SINN! SCHÖN, DASS DU VORBEISCHAUST

Vor einigen Wochen habe ich ein Training in Kiel gegeben. Ein 35-jähriger Teilnehmer schaute mich nach einem halben Tag entsetzt an und meinte: »Sie widersprechen gerade allem, was ich seit meiner Schulzeit gelernt habe.« Es ist ja nur meine Meinung. Der müssen Sie nicht zustimmen. Ich weise auf Regeln hin, die mir nicht sinnvoll erscheinen. Und durch ständiges Wiederholen von Thesen aus der Schulzeit über die Ausbildung bis zum Führungskräfteseminar erhöhen sich weder der Sinn noch die Alltagstauglichkeit.

Wie kann es sein, dass die Kommunikationsszene immer und immer wieder dieselben Regeln predigt? Weil wir Deutschen Regeln lieben. Oder genauer gesagt: Viele Männer mögen Regeln, so die gängige Meinung. Und was in Seminaren beigebracht wird, ist meistens noch sehr geprägt von der männlichen Sicht- und Redeweise. Es gibt viele männliche Kommunikationstrainer, viele männliche Speaker, viele männliche Führungskräfte, viele männliche Führungskräftetrainer. Die Frauen stürmen zwar in all diese Bereiche, aber spielen häufig noch eine Nebenrolle. Oder kennen Sie viele weibliche Vortragsredner? Oder weibliche Führungskräfte? Oder weibliche Führungskräftetrainer? Bei den Kommunikationstrainern werden es immer mehr Frauen, aber auch dort erobern sie eine Domäne, die lange Zeit von Männern dominiert wurde. Es gibt somit immer wieder Anzeichen, dass die Kommunikation weiblicher wird. Damit meine ich, dass sinnvolle Regeln entstehen, die sowohl von Frauen als auch von Männern gelebt werden.

Egal, ob Mann oder Frau: Wir lieben das Schubladendenken. So funktioniert unser Gehirn. Es macht unser Leben einfacher, wenn wir die meisten Dinge dem Autopiloten überlassen können. Und der wird eben mit Regeln gefüttert, damit er weiß, wie er wann zu reagieren hat. Gut:Böse. Lecker:Eklig. Spannend:Langweilig.

Und wir müssen überhaupt nicht mit dem Finger auf die vielen Kommunikationstrainer in Deutschland zeigen, weil sie uns die Regeln predigen. Wir wollen es ja selbst. Immer wieder werde ich in Trainings von Teilnehmern gefragt: »Was sind die No-Gos in der Kommunikation? Was darf ich auf gar keinen Fall machen?« Oder ich werde von Journalisten gefragt: »Nennen Sie mir die fünf Dos and Don'ts der Kommunikation.« Nein!!! Will ich nicht. Denn es gibt kein Falsch und kein Richtig.

Ich bin okay, und du bist okay. Diesen Spruch haben Sie bestimmt schon x-mal gelesen und gehört. Vielleicht auch schon mal dazu die Augen verdreht, obwohl Sie wissen, dass diese Aussage einen wahren Kern hat. Die Schubladen machen unser Leben in einigen Situationen einfacher. Doch die Kommunikation und das Verständnis füreinander erschweren sie.

Lassen Sie sich auf eine wilde Reise ein. Auf eine Reise zu den Inseln der Rhetorikregeln. Und Sie entscheiden dann, welche Regeln Sie in Ihren Koffer packen möchten und welche Sie beim Weiterreisen hinter sich lassen. Selbst wenn ich bei einer Regel deutlich zu verstehen gebe, wie doof ich sie finde, so kann es gut sein, dass sie perfekt zu Ihnen passt. Wenn das so ist, dann halten Sie natürlich an ihr fest.

Lassen Sie sich von diesem Buch inspirieren, um noch besser zu reden. Ohne sich zu verstellen. Werden Sie ein Bessersprecher.

1

#verschränktearme

MYTHOS

Mit verschränkten Armen können Sie nicht so gut zuhören und nehmen 38 Prozent weniger Inhalt auf, als wenn Sie mit einer offenen Körperhaltung zuhören.[1]

Was Selbstbewusstsein mit der Armhaltung zu tun hat und wieso es völlig okay ist, die Arme mal zu verschränken und mal hängenzulassen.

ALS ICH MEINER Mutter von diesem Mythos erzähle, lacht sie und meint, dass sie sich schon die Ohren zuhalten müsse, um mit der Körpersprache schlechter hören zu können. Dies ist natürlich kein fundiertes Wissen, da meine Mutter keine offizielle Rhetorikexpertin ist, also schauen wir es uns mal genauer an.

Die verschränkten Arme stehen ja schon lange auf der Abschussliste, da sie Ablehnung und Abgrenzung signalisieren würden, so die gängige Meinung. Dies wurde schon 1969 von Albert Mehrabian in seinem Buch über nonverbale Kommunikation erwähnt. Und er steht nicht alleine da. Andreas Hobi schreibt in seinem Artikel »Körpersprache deuten: 14 Gesten, die ihr unbedingt vermeiden sollt«, dass die verschränkten Arme Egoismus ausdrücken. Die ehemalige ZDF-Moderatorin Doro Plutte schreibt in ihrem Artikel »Fünf typische Fehler auf der Bühne – Teil 2: Arme verschränken«: »Mit verschränkten Armen – und gelegentlich sogar noch zusätzlich verschränkten Beinen – sage ich: An mich kommt nichts ran. Und ich gebe auch nichts preis. Ich gehe auf Distanz. Ich schütze mich. Und wehre ab, was von dir, meinem Gegenüber kommt. Ich hier. Du da. Fertig.«

Natürlich gibt es auch Studien, bei denen herauskam, dass vor allem Männer mit verschränkten Armen so wirken, als könnten sie weder reden, noch wären sie sonderlich teamfähig.[11] Selbst auf Flirtportalen im Internet wird geraten, beim ersten Date nicht die Arme zu verschränken. Sie wollen doch nicht desinteressiert und distanziert wirken, oder?

Nein. Wahrscheinlich nicht. Doch gibt es tatsächlich für das Verschränken der Arme nur negative Deutungsmöglichkeiten? Aus meiner langjährigen Praxiserfahrung weiß ich zum Beispiel, dass viele Frauen mit einer großen Oberweite ihre Arme verschränken, um den Rücken zu entlasten. Andere Frauen machen dies, weil ihnen kalt ist. Und welcher Frau ist nicht ständig kalt. Viele verschränken auch die Arme, wenn sie auf einem Stuhl ohne Armlehnen sitzen.

Achten Sie bitte nicht nur auf diese zwei Körperteile. Das wäre so, als würde ich Ihnen ein Kabel zeigen und behaupten, das wäre ein komplettes Telefon. Nein. Ist es nicht. Erst wenn der ganze Rest auch noch mit dem Kabel verbunden wird, ist es ein Telefon. Wenn jemand mit verschränkten Armen vor Ihnen steht und Sie mit drohend gerunzelter Stirn, hochgezogener Augenbraue, hängenden Mundwinkeln und einem verächtlichen Zug um die Oberlippe herum anschaut, darüber hinaus noch einen völlig angespannten Körper hat und einen zischenden Schwall an negativen Wörtern dem Mund entfleuchen lässt, erst dann denke ich auch, dass die verschränkten Arme ein Zeichen für Ablehnung und Abgrenzung sein könnten. Sicher ist es immer noch nicht, aber die Wahrscheinlichkeit steigt immens, wenn Sie mehrere Signale in der Mimik und der Körpersprache wahrnehmen und vielleicht sogar in der Stimme hören, die alle in Richtung Ablehnung weisen.

Wenn allerdings jemand vor Ihnen steht, der Sie herzlich anlächelt, einen komplett entspannten Körper hat und dessen Augen vor Neugierde strahlen, dann sind die verschränkten Arme einfach ein Zeichen für eine bequeme Haltung. Es kann auch mal Unsicherheit bedeuten und somit körperlicher Schutz oder einfach: »Ich weiß nicht, wohin mit meinen Händen«. Manchmal kann es auch darauf hinweisen, dass wir es mit einem introvertierten Menschen zu tun haben. Der Körperspracheexperte Stefan Verra meint sogar, dass Menschen die Arme verschränken, wenn sie schon eine Weile stehen. Und zwar um den Lymphfluss anzuregen.

Sie merken: Es gibt eine Vielfalt an Deutungsmöglichkeiten. Und nur eine davon ist, dass verschränkte Arme Ablehnung und Abgrenzung bedeuten

Ich verschränke meine Arme gerne mal, wenn ich zuhöre. Das ist dann in der Tat eine Art Abgrenzung, aber im positiven Sinne. Damit signalisiere ich meinem Gesprächspartner, dass ich mich zurücknehme und ihm das Rampenlicht überlasse. Ich stelle ihn dadurch in den Mittelpunkt und verhalte mich weniger präsent. Überlasse meinem Gegenüber den überwiegenden Wortanteil unseres Gesprächs. Womit wir schon beim Thema wären: Kann ich dadurch schlechter zuhören?

38 IST 38 IST 38: SO KLAR WIE KLOẞBRÜHE

Diese Aussage zu den verschränkten Armen wird gerne bei Vorträgen und Trainings zitiert, und offiziell soll es sogar eine Studie als Beleg dafür geben. Verwiesen wird auf das Autorenpaar Barbara und Allan Pease. Anscheinend hätten Untersuchungen in den USA bewiesen, dass Studenten, die man aufforderte, während eines Vortrages in offener Haltung zu sitzen, 38 Prozent mehr Informationen aufnahmen als diejenigen, die mit verschränkten Armen und gekreuzten Beinen sitzen sollten. Daraus wurde abgeleitet, dass eine defensive Körperhaltung uns daran hindert, nützliches Wissen aufzunehmen, und keinesfalls förderlich für den Beziehungsaufbau sei.

Ich vergaß zu erwähnen: Verschränkte Beine deuten angeblich ebenfalls auf Ablehnung und Abgrenzung hin. Vorsicht meine Damen, diese elegante Beinhaltung kann Ihnen negativ ausgelegt werden. Wobei ich auch viele Herren kenne, die diese Beinhaltung bevorzugen, um nicht zu breitbeinig und dadurch vermeintlich prollig dazusitzen. Gemäß dieser Studie wäre dies dann auch verboten. Erstens, weil es wie die verschränkten

Arme ablehnend und abgrenzend wirken soll, und zweitens, weil Sie dann erneut nicht gut zuhören könnten.

Ich machte mich auf die Suche nach den Grundlagen dieser Studie. In der Kommunikationsszene, also von Trainern, Vortragsrednern, Autoren und Coaches, wird sie nämlich genauso bezeichnet: eine Studie. Beim Nachfragen wurde dann nur noch von einer Untersuchung gesprochen. Irgendwo in den Vereinigten Staaten. Wo genau und mit wie vielen Studenten dies getestet wurde, bleibt ein Geheimnis. In dem Buch »The Definitive Book of Body Language«[III] von Barbara und Allan Pease ist dann nur noch von einer Gruppe von Studenten die Rede. Auch hier keine Angabe, wie viele in dieser Gruppe waren und wo dieser Test stattfand. In dem Buch »Die kalte Schulter und der warme Händedruck« wiederholt das Ehepaar seine These und meint, dass sie 1989 diesen Test mit 1 500 Studenten wiederholt hätten und wieder zu ähnlichen Ergebnissen gekommen seien.

Merkwürdig, dass immer nur diese eine Zahl im Raum schwebt: 38 Prozent. Bei einer seriösen Studie treten normalerweise auch andere Prozentzahlen ans Licht. Zum Beispiel wie viel Prozent es bei sachlichen oder emotionalen Aussagen waren, oder ob es einen Unterschied gab, wenn die Leute nur die Arme verschränkt haben und nicht die Beine oder beides, oder ob der Blickkontakt vermieden wurde. Oder wann getestet wurde, wie viel sich die Zuhörer merken konnten (eine Stunde später oder eine Woche später) oder ob es einen Unterschied gab, wie alt die Zuhörer waren oder ob es einen Unterschied zwischen Männern und Frauen gab. Nein. Es taucht stets nur diese einzige Zahl auf. Und wie glaubwürdig ist es, dass beim Wiederholen der Studie exakt dieselbe Prozentzahl herauskommt? Ohne irgendwelche anderen Ergebnisse drumherum?

Barbara und Allan Pease gehen sogar auf den Konter ein, dass verschränkte Arme einfach nur eine bequeme Haltung verdeutlichen könnten. Laut den Autoren könne sich nur ein negativer und nervöser Mensch mit verschränkten Armen wohlfühlen: »Wenn man sich mit Freunden amüsiert, passen verschränkte

Arme nicht ins Bild.« Komisch, dass ich auf privaten Feiern so viele Menschen mit verschränkten Armen sehe. Wollen die sich alle gegenseitig beweisen, dass sie gerade negativ und nervös sind, sich nicht mögen und trotzdem gemeinsam lachen? Laut dem Autorenehepaar spielen jegliche Gründe keine Rolle. Sie betonen ausdrücklich in ihrem Buch, dass man das Verschränken der Arme unter allen Umständen vermeiden solle.

Die Eheleute Pease sind sich also einig und bleiben bei ihrer These. Doch in über 300 Büchern zum Thema Körpersprache – ja, dieses Thema ist beliebt – gab es keinen Hinweis auf die Originalstudie und, wenn überhaupt, wurden nur die 38 Prozent von Pease, in meinen Augen unreflektiert, wiederholt. In einer anderen Studie kam heraus, dass beim Sprechen mit verschränkten Armen unter anderem mehr Pausen gemacht wurden.[IV] Da die Pausentechnik beim Reden zur hohen Kunst gehört, weil meistens zu wenig Pausen gemacht werden, könnten verschränkte Arme in diesem Fall sogar hilfreich sein.

Was bei meiner Recherche herauskam: Die Meinungen unterscheiden sich. Und das deckt sich auch mit meinen Erfahrungen in der Praxis. Wenn ich mit Führungskräften an einem Vortrag arbeite und auf die Körpersprache eingehen will, dann winken viele ab mit den Worten: »Hören Sie mir auf mit Körpersprache. Ständig ändert sich das. Jeder sagt was anderes. Früher sollte ich die Arme hängenlassen, dann hinter dem Rücken verschränken, dann vor dem Körper anwinkeln, dann viel bewegen und beim nächsten Trainer wenig bewegen. Ich weiß schon gar nicht mehr, was ich machen soll. Kommen Sie mir bitte nicht mit noch einer neuen Meinung.« Nein. Komme ich nicht.

Ich greife gerne auf einen Tipp zurück, den mir der Rhetorikexperte Michael Rossié gegeben hat: Arme beim Reden einfach entspannt fallen lassen. Wenn sich Ihre Arme bewegen wollen, dann werden sie es nach ein paar Sekunden oder Minuten automatisch tun. Und wenn nicht, dann eben nicht. So können Sie relativ schnell Ihre natürliche Körpersprache herausfinden.

Und die ist meines Erachtens am glaubwürdigsten und hilfreichsten für eine wertschätzende Kommunikation.

Zurück zum Zuhören und der angeblich negativen Außenwirkung bei verschränkten Armen: Ich habe vor einigen Jahren Hunderte Verkäufer eines Bekleidungsunternehmens ausgebildet. In einer Filiale hat der Topverkäufer ständig mit verschränkten Armen im Laden gestanden. Und nicht nur das: Er hat sich sogar mit einer Hand ans Kinn gefasst und mit den Fingern den Mund versteckt. Auch dies wird in der Kommunikationsszene sehr negativ ausgelegt, weil ein »über das Kinn streicheln« bedeuten könnte, dass Sie gerade versuchen, ihr Gegenüber zu analysieren, und die Hand vor dem Mund zeigt, dass Sie lügen, weil Sie mit der Hand einen Teil Ihres Gesichts verstecken und damit eventuell andeuten, dass Sie auch einen Teil der Wahrheit verstecken. Aber dieser Mann hatte die Arme verschränkt, die Hand am Kinn und hat trotzdem am meisten verkauft. Er war gut. Hat wirklich zugehört und ehrliches Interesse an jedem einzelnen Kunden gehabt. Das kam an. Trotz der angeblich negativen Körpersprache.

Gehen wir in die Anatomie: Was soll mit meinen Ohren passieren, wenn ich die Arme verschränke? Fahren dort automatisch innere Scheuklappen hoch, welche die Ohren von äußeren Schallwellen abgrenzen? Anatomisch lässt es sich nicht erklären. Andersherum wird ein Schuh draus: Sie finden jemanden unsympathisch. Um es milde auszudrücken. Sie möchten seine Meinung nicht hören. Und dennoch hören Sie zu. Widerwillig. Die Gedanken und Emotionen sorgen dafür, dass sich der ganze Körper sträubt. Und dies kann dann zu einem missbilligenden Gesichtsausdruck führen und/oder zu verschränkten Armen und/oder einem verbittert zischenden Stimmklang und/oder zu Verbalattacken Ihrerseits. Wenn wir es von der Warte betrachten, dass die Lawine im Kopf mit einer ablehnenden Haltung losgestoßen wurde, dann passt es. Doch dass allein die verschränkten Arme für eine inhaltliche Teil-Taubheit sorgen, ist Blödsinn.

Es gibt allerdings auch keine Studie, die beweist, dass wir mit verschränkten Armen besser zuhören können. Somit bleibt es Ihnen überlassen, wie Sie dies in Zukunft handhaben möchten. Fragen Sie sich selbst, ob Sie die Arme beim Zuhören verschränken und warum Sie dies tun. Wenn Sie merken, dass Sie innerlich den Menschen ablehnen, dann verschieben Sie lieber das Gespräch. Denn ohne ehrliches Interesse und somit Augenhöhe funktioniert kein konstruktiver Austausch. Falls Sie die Arme nur aus Bequemlichkeit verschränken, dann bleiben Sie dabei. Denn Sie werden als Redner wahrscheinlich auch verschränkte Arme nicht als lästig empfinden, wenn Ihr Gesprächspartner Ihnen aufmerksam zuhört und sympathisch wirkt.

MIT SELBSTBEWUSSTSEIN ZUM KÖRPERSPRACHEEXPERTEN

Kommen wir zurück zu meiner Mutter. Ich habe geschrieben, dass Sie keine Rhetorikexpertin sei. Dies stimmt nicht so ganz. Laut dem Mentaltrainer Mathias Fischedick sind wir alle Körperspracheexperten. Unbewusst. Damit spricht er mir aus der Seele, weil ich ja immer wieder predige, dass Sie schon gut reden können. Unbewusst. Deswegen betone ich auch immer wieder, dass es in der Kommunikation hauptsächlich um das Selbstbewusstsein geht.

Damit meine ich nicht, dass Sie sich wie ein Gockel aufplustern, das Kinn heben, verächtlich mit den Mundwinkeln zucken und sich erhaben fühlen sollen. Das können Sie gerne machen, doch dies hat mit Selbstbewusstsein wenig zu tun. Selbstbewusstsein bedeutet, dass Sie sich selbst bewusst wahrnehmen. Wenn ich zum Beispiel auf einem Stuhl sitze, die Beine überschlage und die Arme verschränke, dann sprechen wir von Selbstbewusstsein, solange ich mir dessen bewusst bin. Selbst wenn ich mal heulend in der Ecke sitze, bin ich selbstbewusst, wenn ich es bewusst wahrnehme.

Somit werfe ich den Ball wieder in Ihr Spielfeld: Warum verschränken Sie die Arme? Ist dies eine bequeme Haltung? Prima. Ist es Ablehnung, dann lassen Sie es doch lieber sein, wenn Ihr Gegenüber dies nicht sofort merken soll. Wenn Sie die Erfahrung gemacht haben, dass Sie mit verschränkten Armen gut zuhören können, dann ist dies für Sie eine hilfreiche Körpersprache. Regel hin oder her.

Die Herausforderung wird sein, dass Sie ehrlich mit sich selbst sind. Aber ehrlich mit sich selbst zu sein, bedeutet Arbeit. Eine Arbeit, die nicht einfach ist. Manche scheuen sie sogar und holen sich eben Sicherheit bei diesen vielen Rhetorikregeln. Aber diese Sicherheit reicht natürlich nur für den ersten Schritt. Alle folgenden Schritte, alle Schritte, die mit Selbstdenken zu tun haben, sind schwieriger. Wenn ich in meinen Vorträgen von Selbstbewusstsein (Sie erinnern sich: Damit ist gemeint, sich selbst ganz bewusst wahrzunehmen) rede, dann kommen hinterher immer mal wieder Männer auf mich zu und sagen: »Super, Frau García. Ich habe mitgenommen, dass ich so bleiben soll, wie ich bin.« Und die Frauen sprechen mich eher mit den Worten an: »Oh mein Gott. Das bedeutet ja, dass ich ab sofort lernen muss, wie ich normalerweise lache und atme und stehe und gehe und rede und … Das ist ja wahnsinnig viel Arbeit.«

Es ist weder das eine noch das andere. Sondern – mal wieder – das gesunde Mittelmaß. Denn Sie können ja erst so bleiben, »wie Sie sind«, wenn Sie wissen, *wie* Sie sind. Wenn Sie wissen, wie Sie normalerweise zuhören und warum Sie die Arme verschränken. Und in der Tat ist es Arbeit, sich selbst in allen Facetten und Bereichen zu hinterfragen und neugierig zu analysieren. Doch das Ergebnis kann Ihnen keiner wieder nehmen. Je besser Sie sich kennen, desto selbstbewusster reden Sie. Ob Sie nun beim Zuhören die Arme verschränken oder nicht.

#BESSERSPRECHERTIPPS

1. Finden Sie heraus, warum Sie Ihre Arme verschränken: #wärmend #abgrenzend #bequem #rückenentlastend #lymphflussanregend #abweisend #aufmerksamzuhörend #egoistisch #ablehnend #distanzierend #nichtspreisgebenwollend #schützend #nichtredenwollend #desinteressiert #unsicher #wohinmitdenhänden #nervös #negativ #pausenmachend

2. Überlegen Sie auch, warum Sie Ihre Beine überschlagen: #elegant #wenigerprollig #beimkurzenrockeinenotwendigkeit oder eben aus den oben genannten Gründen, die schon bei den verschränkten Armen eine Rolle spielen können.

3. Wenn Sie nun Ihre Gründe kennen, dann können Sie entscheiden, ob Ihr Gegenüber das wissen darf. Falls Sie sich zum Beispiel wirklich abgrenzen wollen, dann möchten Sie dies bei einem Bewerbungsgespräch vielleicht nicht zeigen, bei einem privaten Streit dagegen schon.

4. Interpretieren Sie nicht vorschnell. Nicht jeder Mensch mit verschränkten Armen möchte Ihnen Böses.

5. Sprechen Sie die Situation an: Wenn es Sie irritiert, dass jemand die Arme verschränkt, dann fragen Sie doch: »Soll mir Ihre Körpersprache sagen, dass Sie von meinem Vorschlag nichts halten, oder ist dies einfach gerade bequem für Sie?«

6. Falls Sie die Arme nur verschränken, weil Sie nicht wissen, wohin Sie Ihre Hände packen sollen, dann lassen Sie die Arme beim nächsten Gespräch einfach fallen. Nicht

krampfhaft unten halten. Einfach fallen lassen. Dies ist nur die Basis. Wenn sich Ihre Arme und Hände bewegen möchten, dann werden Sie dies tun. Nach dem Bewegen gerne wieder zur Basis – Arme fallen lassen – zurückkehren. Und wenn Ihre Arme keine Lust auf Bewegung haben, dann gehören Sie eben zu den ruhigeren Typen. Wenn Sie die Arme dann genauso bewegungslos lassen, dann strahlen Sie deutlich aus, dass Sie ein ruhiger Mensch sind, und das darf auch jeder sehen.

7 Falls Sie merken, dass Ihr Gesprächspartner immer wieder irritiert auf Ihre verschränkten Arme schaut, während er redet, dann können Sie entweder die Arme woanders platzieren oder auch hier wieder die Situation ansprechen: »Lassen Sie sich übrigens nicht von meinen verschränkten Armen irritieren. Das ist für mich eine bequeme Haltung, mit der ich sehr konzentriert zuhören kann.«

8 Nehmen Sie sich selbst bewusst wahr. Finden Sie heraus, wie Sie normalerweise gerne reden. Die Mode ändert sich immer mal wieder in der Kommunikationsszene. Hecheln Sie dieser nicht hinterher, sondern zeigen Sie sich authentisch, interessiert und wertschätzend mit Ihrer ureigenen, sehr speziellen Körpersprache.

I »Die kalte Schulter und der warme Händedruck« von Allan und Barbara Pease, Ullstein Verlag, Neuauflage 2004

II »Bedeutung der Körperhaltung in einer Gesprächssituation für die Bewertung des Gesprächspartners« von Nikolay Kolev und Uwe Kanning, »Journal of Business and Media Psychology« (2011)

III »The Definitive Book of Body Language« von Allan und Barbara Pease, Orion Publishing Group, Neuauflage 2017

IV »The effects of elimination of hand gestures and of verbal codability on speech performance«, Wissenschaftlicher Artikel von Jean A. Graham, Juni 1975, Link: http://www.communicationcache.com/uploads/1/0/8/8/10887248/the_effects_of_elimination_of_hand_gestures_and_of_verbal_codability_on_speech_performance.pdf

2

#wegschauen

MYTHOS

Wie Sie Ihre Augen bewegen, zeigt, ob Sie lügen oder unsicher sind.

Wie Sie mit einem hypnotischen Sprachmuster den Blickkontakt hinbekommen, wieso ängstliche Menschen keine Hunde anschauen sollten, wie Sie mit Ihrem Blick dirigieren, und was die Augen beim Zuhören für eine Rolle spielen.

ICH SITZE AM Esszimmertisch und habe den Stuhl so gedreht, dass ich direkt zum Ohrensessel schaue, wo mein Lebenspartner die Beine seitlich über die Armlehne geschlagen hat und mir aufmerksam zuhört. Denke ich. Der Oberkörper ist leicht vorgebeugt, und er schaut mir unverwandt in die Augen.

Seit gefühlt einer Stunde erzähle ich ihm von meinem Trauma, das ich ein Jahr zuvor erlebt habe. Ich dachte, dass es schlau sei, ihm dies gleich am Anfang unserer Beziehung zu erzählen, damit er weiß, warum ich in manchen Situationen vielleicht anders reagiere als andere Frauen. Ich erzähle. Er lauscht. Ich heule Rotz und Wasser. Er schaut.

Als ich fertig bin, schaut er mir weiterhin fest in die Augen und sagt: »Isabel, ich würde dir echt gerne glauben. Aber … du hast in die falsche Richtung geschaut.« Falls Sie mich nach einem Geht-gar-nicht-Satz in solchen Situationen fragen, dann wäre dies ein Anwärter. Ich schaue ihn verblüfft an, und er setzt nach: »Du hast nach rechts oben geschaut.«

Er glaubt, dass damit alles gesagt ist. Er ist – wie ich – Kommunikationstrainer, und in unserer Branche wird gerne gelehrt, dass die linke Gehirnhälfte für die Vergangenheit sowie für Zahlen, Daten, Fakten steht und die rechte Gehirnhälfte für die Zukunft und die Kreativität. Dies ist ein altes Bild aus den 70ern, das heute noch gerne herangezogen wird. Obwohl von der Forschung schon lange bewiesen wurde, dass die Augenbewegungen zwar mit Denkprozessen zusammenhängen, aber wir noch nicht genau wissen, wie genau. Sicher ist, dass beide Gehirnhälften die Augenbewegungen steuern. Und sicher ist auch, dass wir meistens mit beiden Gehirnhälften denken. Diese Unterschiede mit der linken und rechten Gehirnhälfte wurden schon lange widerlegt.[I]

Bleiben wir aber erst einmal dabei, wie es bis heute beigebracht wird: Unsere Augen sind sozusagen wie die Maus am Computer oder Ihr Finger auf einem Touchpad. Dort, wo Sie den Pfeil von der Maus oder Ihren Finger hinbewegen, landet die Aufmerksamkeit. Mit den Augen aktiviere ich praktisch die einzelnen Gehirnregionen und rufe aus dem Bereich Gedanken ab.

Das bedeutet nach dieser Theorie, dass Sie mir sofort ansehen können, woran ich denke. Wenn meine Augen – von mir aus gesehen – nach links wandern, dann denke ich an die Vergangenheit. Schweifen meine Augen – von mir aus gesehen – nach rechts, dann bin ich gedanklich gerade in der Zukunft.

Beim NLP (neuro-linguistisches Programmieren) wird dann noch unterschieden zwischen visuellen Phantasien (rechts oben), erinnerten Bildern (links oben), auditiven Phantasien (rechts mittig), erinnerten Geräuschen (links mittig), Bewegungen und taktilen Gefühlen (rechts unten) und inneren Stimmen (links unten).[II]

Bei meinen Vorträgen frage ich häufig nach einigen Minuten einen Zuhörer: »Wie finden Sie mich bis jetzt?« Und bevor er antworten kann, rufe ich Stopp. Dann sage ich zu ihm: »Stellen Sie sich vor, Sie finden mich doof. Mein Humor passt Ihnen gar nicht. Sie wollen aber einen möglichen Konflikt vermeiden und deswegen lügen Sie mich an. Da kommt vielleicht ein ›Passt schon‹ über die Lippen, obwohl Sie mich blöd finden.« Danach frage ich die restlichen Zuhörer, ob ich diese Lüge wohl erkennen könnte. Meistens nickt über die Hälfte eifrig. Es folgt meine Frage, woran ich es erkennen könnte, und eine der ersten Antworten ist häufig: »Wenn er nach rechts oben schaut.« Ist das so? Diese Annahme führte ja auch zu Irritationen bei meinem Lebensgefährten. Nach dem Motto: Sie redet über ein mehr als zwölf Monate zurückliegendes Ereignis, schaut aber nach rechts oben, wo die visuelle Phantasie steht (denkt sich also alles aus).

Ähnlich habe ich es mal als Tipp für Personalleiter in Bewerbungsgesprächen gehört: »Fragen Sie den Bewerber nach seinem letzten Gehalt. Schaut er nach rechts, dann denkt er sich gerade kreativ sein Wunschgehalt aus, welches er gerne in der Vergangenheit bekommen hätte.«

Das sind genau die Momente, wo ich mich über platte, vereinfachte, schlecht recherchierte Regeln ärgere. Die Interpretationen der Augenbewegungen sind nicht in Stein gemeißelt. Sie geben zwar eine Richtung vor, die häufig zutrifft. Aber eben nicht immer.

ES GIBT KEIN MÜSSEN, IMMER, NUR UND NIE

Ich finde, dass die vier Worte *müssen, immer, nur* und *nie* in der Kommunikation nichts zu suchen haben. Dies ist eine der wenigen starren Regeln, die ich unterschreiben würde. Ansonsten gilt: Es gibt nicht die eine Regel, die jedem hilft, und auch nicht die eine Augenbewegung, die immer auf eine Lüge hindeutet. Bleiben Sie stets achtsam, weil Ihr Gegenüber vielleicht ganz anders gestrickt ist, als es in Ihren Lehrbüchern steht. So wie ich eben nach rechts oben geschaut habe, obwohl mein Trauma in der Vergangenheit lag, die bei vielen links abgespeichert ist.

Dieses »das hast du dir ausgedacht« und »du hast ja mit den Augen in die falsche Richtung geschaut« hat mich nicht losgelassen. Deswegen habe ich Kilia M. Ultes, gefragt, ob mein Gehirn oder meine Augen falsch sind. Kilia muss es wissen: Sie ist NLP-Trainerin, Diplom-Psychologin und bietet Führungskräftetrainings an. Sie meinte nur, dass ich in der Tat erstens sehr visuell eingestellt bin, somit meistens nach oben schaue, und darüber hinaus zweitens rechts oben meine Erinnerungen abrufe. Wobei dies immer eine Momentaufnahme ist. Es kann gut sein, dass ich in einer Stunde oder ein paar Tagen, Wochen,

Monaten beim Erinnern woanders hinschaue. Wir ändern uns jeden Tag. Mit jedem Erlebnis. Mit jeder emotionalen Situation. Deswegen testen verantwortungsvolle NLP-Trainer vor einem Coaching den Ist-Zustand: Wo schaut mein Kunde hin, wenn er sich erinnert oder sich Luftschlösser in der Zukunft ausmalt?

Dieses Testen wird Kalibrieren genannt. Wenn man zum Beispiel eine Waage kalibriert, geht es nicht darum, dass sie geeicht wird, um genauso zu funktionieren wie alle anderen Waagen. Kalibrieren bedeutet in diesem Fall, dass der Unterschied zwischen zwei Waagen festgehalten wird. Sie kontrollieren also immer mal wieder, inwieweit diese Waage von einer anderen Waage abweicht. Die Abweichungen als solche sind völlig in Ordnung. Sie müssen nur festgehalten werden.

Und genauso gehen auch gute NLP-Trainer an die Arbeit. Sie arbeiten nicht nach starren Regeln, sondern verwerfen die Vergangenheit. »Heute Morgen hat er beim Erinnern noch nach links geschaut«, gilt eben nicht für den ganzen Tag. Gute NLPler testen erst einmal mit einigen Fragen den Ist-Zustand. So hat es auch Kilia bei mir gemacht: »Stell dir einen schneeweißen Rigdeback-Rüden vor! Wann hast du das letzte Mal mit einem NLP-Trainer zusammengearbeitet?« Nun gilt es, das erste Zucken zu erkennen.

Häufig drehe ich sogar beim Erinnern den kompletten Kopf nach rechts und schaue mit den Augen nach rechts oben. Aber manchmal habe ich auch den Kopf nach links gedreht, doch Kilia meinte: »Du erinnerst rechts oben.« – Häh? Ich habe doch eben nach links geschaut. Stimmt. Aber das erste kleine Zucken ging nach rechts oben. Erst wenn vor jedem wichtigen Gespräch dieser Ist-Zustand abgeglichen wurde, ist es einem seriösen NLP-Trainer möglich, die Augenbewegungen zu analysieren.

Dieses achtsame Kalibrieren ist viel Arbeit. Natürlich ist es einfacher, ein Schema F festzulegen und zu behaupten, dass eine Augenbewegung nach rechts oben immer auf eine Lüge hinweist. Sie brauchen Monate, wenn nicht sogar Jahre, um dieses kleine Zucken erkennen, korrekt deuten und dadurch die anschließenden Sätze analysieren zu können. Diese Arbeit machen sich viele nicht, und dadurch können solche Mythen entstehen, die mir in Seminaren, Vorträgen und im Privatleben immer wieder vor die Füße fallen.

Einmal unterhielt ich mich mit einem Kollegen in Leipzig. Er wollte mich unbedingt kennenlernen, weil er so viel Gutes von mir gehört hatte. Ich kannte ihn bis dahin noch nicht und lege nach diesem Treffen auch keinen gesteigerten Wert auf ein Wiedersehen. Er ließ mich nämlich 20 Minuten warten und ging dann während des verspäteten Treffens immer wieder ans Telefon: »Ist echt wichtig.« Als er sich dann endlich bequemte, mit mir zu reden, stellte er mir die Frage, ob ich mir eine Zusammenarbeit vorstellen könne. Ich überlegte und wollte gerade antworten, da hob er die Hand und sagte: »Ich habe die Antwort schon gesehen.« Er verriet mir allerdings nicht, was er meinte, gesehen zu haben, und entließ mich verwirrt aus diesem Gespräch. Wertschätzung geht anders.

SCHAUE ICH, ODER SCHAUE ICH NICHT?

Womit wir schon beim Thema sind: Rede ich weniger wertschätzend, wenn ich dem anderen nicht in die Augen schaue? Auch da gilt es wieder, die Grauzone zu erkunden. Wenn mir ein extravertierter Mensch gegenübersitzt, der normalerweise sehr intensiv in meine Augen schaut, aber jetzt lieber die Zeitspanne seines Blickkontakts zwischen Uhr, mir und seinem Handy aufteilt, dann könnte es sein, dass er mir damit mangelnde Wertschätzung suggerieren will. Aber wenn ein Introvertierter vor mir sitzt, für den ein ständiger Blickkontakt eine Qual ist, dann heißt es nicht, dass er mich nicht wertschätzt, sondern dass er mich nicht anschauen mag. Es heißt auch nicht, dass er mich anlügt, sondern – ich wiederhole mich – dass er mich nicht anschauen mag.

Es kann viele Gründe geben, warum jemand seinem Gegenüber nicht direkt in die Augen schaut. Viele können den Blickkontakt zum Beispiel leichter halten, wenn sie zuhören, aber nicht, wenn sie selbst reden. Da unsere Augen uns dabei helfen, auf bestimmte Gehirnregionen zuzugreifen, fällt es manchen leichter, den roten Faden zu behalten, indem sie auf den Boden oder wohin auch immer schauen. Wenn Sie dies beobachten, bedeutet es nicht automatisch mangelnde Aufmerksamkeit, sondern ein wertschätzendes Ich-krame-mal-die-wichtigsten-Gedanken-zusammen. Das gilt nicht nur beim Reden. Auch wenn Sie beim Zuhören intensiv über einen Gesprächspunkt nachdenken, kann es sein, dass Ihr Blick abschweift.

Natürlich habe auch ich mit meinen Seminarteilnehmern immer wieder einen kontinuierlichen Blickkontakt geübt. Es wirkt in unserer Gesellschaft einfach souveräner. Ich wollte, dass sie es können, ohne es tun zu müssen. Es ist meistens eine reine Übungssache. Gewöhnen Sie sich daran, beim Denken weiterhin in die Augen Ihres Gesprächspartners zu schauen. Sie können dies mit guten Freunden üben. Sie erzählen etwas, und sobald Ihr Blick abschweift, winken Ihre Gesprächspartner oder berühren Sie am Arm.

Nach einem Vortrag trat einmal ein junger Mann auf mich zu, starrte mir in die Augen, atmete hektisch und meinte: »Frau García, ich würde lieber wegsehen. Aber ich weiß ja, dass der Blickkontakt wichtig ist. Deswegen schaue ich Sie an. Aber es fällt mir unglaublich schwer. Wie kann ich es denn schaffen, bei so einem Blickkontakt entspannter zu bleiben?« Ganz einfach. Indem Sie sich innerlich fragen: »Wie würde es sich anfühlen, wenn ich Spaß daran hätte, Frau García in die Augen zu schauen.« Als erste Reaktion folgt häufig: »Habe ich aber nicht! Ich habe keinen Spaß dran, Ihnen in die Augen zu schauen.« Und mir nicht in die Augen schauen zu wollen, ist völlig okay. Akzeptieren Sie den Ist-Zustand. Wenn alles in Ihnen schreit, »ich will der García nicht in die Augen schauen«, dann nehmen Sie dies ernst.

Doch nun gilt es dranzubleiben. Auf »das sehe ich und ist okay« folgt »aber das habe ich gar nicht gefragt«. Und Sie wiederholen den Gedanken, »wie würde es sich anfühlen, wenn ich Spaß daran hätte, ihr in die Augen zu schauen?«. Manchmal brauchen Sie nach einer erneuten Abwehrreaktion eine dritte Wiederholung. Doch dann passiert Folgendes: Ihr Gehirn kann erst entscheiden, wie es sich wohl anfühlen würde, wenn es diese Vorstellung umsetzt.

Voilá. Ziel erreicht. Er hatte Spaß, mir in die Augen zu schauen. Ein paar Sekunden. Dieser flüchtige Erfolg ist die schlechte Nachricht. Mit diesem hypnotischen Sprachmuster tricksen Sie das Gehirn aus und gehen durch die Hintertür. Wenn die graue Masse zwischen Ihren beiden Ohren allerdings festgestellt hat, wie es sich anfühlen würde, dann ist die Frage beantwortet, und Sie steigen aus dem Gefühl wieder aus.

Das ist der Moment, wo mir häufig gesagt wird: Klappt nicht!

Doch. Es hat ja geklappt. Zwar nur für ein paar Sekunden, aber der Effekt war da. Bleiben Sie am Ball. Wir sind häufig sehr routiniert darin, mit unseren negativen Gedanken Pingpong zu spielen. Nutzen Sie das auch für Ihre konstruktiven Gedanken. Wenn der Effekt also nachlässt, dann wiederholen Sie den Spaß.

Was glauben Sie, wie häufig ich mit diesem hypnotischen Sprachmuster arbeite, während ich dieses Buch schreibe? Ich finde das Thema großartig und freue mich schon auf das fertige Ergebnis, doch diese Fleißarbeit des stundenlangen Schreibens stand nicht immer ganz oben auf meiner Prioritätenliste. Daher denke ich mir während des Tippens immer wieder: »Wie würde es sich anfühlen, wenn ich unbändigen Spaß daran hätte, jetzt dieses Buch zu schreiben?«

Zurück zum Blick: Wir wissen also jetzt, dass Wegschauen nicht automatisch Lügen bedeutet. Ebenso wenig bedeutet es automatisch Unsicherheit oder mangelnde Wertschätzung. Denn es kann ein gedankenverlorenes Wegschauen sein. Es kann ein Gedanken-im-Gehirn-Zusammenkramen sein. Auch blinzeln ist nicht unbedingt ein Zeichen von gesprochenen

Halbwahrheiten. Einige blinzeln viel, weil sie Kontaktlinsen tragen, andere, weil die Klimaanlage die Augen austrocknet, wieder andere, weil sie entspannt sind, und einige vielleicht wirklich, weil sie lügen.

Ich finde es immer wieder lustig, dass so viele Menschen gerne wandelnde Lügendetektoren wären. Denn wenn Sie als Anfänger jemanden anhand des Blinzelns oder der Augenbewegung bei einer Lüge erwischen, dann haben Sie einen schlechten Lügner vor sich. Den hätten Sie wahrscheinlich sogar mit einem unguten Bauchgefühl entlarvt. Routinierte Lügner schauen nicht weg und blinzeln auch nicht. Ganz im Gegenteil: Da wird der Blickkontakt blinzelfrei gehalten und gehalten und gehalten.

Vielleicht ist dies auch einer der Gründe, warum wir es als unangenehm empfinden, wenn wir zu lange angeschaut werden. Wir fühlen uns davon schnell bedroht. Vor allem, wenn wir von einer Meinung überzeugt werden sollen, die unserer eigenen extrem widerspricht. Wenn unser Gegenüber uns dann förmlich anstarrt, uns kaum Raum für Denkprozesse lässt, dann weckt dies häufig unseren Fluchtreflex.

Ich schaue Menschen gerne lange und intensiv in die Augen. Vor allem beim Zuhören. Ich möchte damit zeigen, dass ich hundertprozentig bei meinem Gegenüber bin. Allein schon deswegen, weil ich mir damit das Zuhören erleichtere. Denn die Sinnesorgane orientieren sich aneinander. Unsere Ohren können einzelne Geräusche lauter stellen und andere runterpegeln. Wie ein guter Kopfhörer mit Lärmunterdrückung. Wenn Sie jemandem zuhören, dann entscheiden Ihre Ohren ständig, was unnötiger Lärm ist und was sie hervorheben dürfen. Woran Ihre Ohren das festmachen? Entweder folgen sie ihren Gedanken oder orientieren sich häufig am Blick. Dort, wo Sie hinschauen, wird das Geräusch lauter gemacht und anderes runtergepegelt.[III]

Deswegen schaue ich besonders konzentriert auf mein Gegenüber, wenn ich mich in einem lauten Restaurant aufhalte oder auf einer gut besuchten Netzwerkveranstaltung. Wenn ich dort ständig mit dem Blick woanders hinschaue, dann pegelt mein Gehör die anderen Stimmen lauter und die Stimme meines Gegenübers herunter. Daher ist es auch kontraproduktiv, wenn Sie ständig im Restaurant zum Nebentisch mit laut schmatzenden Gästen schauen. Denn diese Geräusche werden dann auch lauter gestellt. Blenden Sie die lieber aus, indem Sie in die Augen Ihres Gegenübers eintauchen, das dann hoffentlich nicht schmatzt.

UND WIE MACHE ICH ES NUN RICHTIG?

Natürlich haben wir damit gleich die nächste Gratwanderung vor uns: Bis wann ist es angebracht, jemandem intensiv in die Augen zu schauen, und ab wo wird es als Flirten gewertet? Ich überschreite diese Grenze häufig bewusst. Nicht, weil ich mit jedem Gesprächspartner flirten möchte, sondern weil es mir wichtig ist, mich auf diesen Menschen und seine Inhalte zu konzentrieren. Ich weiß aber, dass es den einen oder anderen irritiert. Bei einem Seminar hat mir eine Teilnehmerin verraten, dass Sie meinen Blickkontakt kaum aushält. Wenn ich so etwas weiß oder spüre, gehe ich natürlich darauf ein und senke meinen Blick deutlich häufiger.

Was sind die Vorzüge beim Anschauen? Sie strahlen damit Selbstbewusstsein aus[IV] und stellen den Kontakt zu Ihrem Gegenüber her. Ein Blick ist eine Kontaktaufnahme. Deswegen rennen Hunde auch so häufig zu ängstlichen Menschen. Sobald die einen Hund sehen, starren sie ihn an. Der Hund findet diese Kontaktaufnahme eher skurril, denn ein Hund würde nicht so intensiv und ununterbrochen schauen. Doch gerade das weckt meistens sein Interesse. Also kommt er angelaufen und checkt die Lage.

Wenn Sie Ihr Gegenüber häufig anschauen, wirkt es im positiven Sinne neugierig, vertrauenswürdig, ehrlich, konzentriert, extravertiert und interessiert. Die Wahrscheinlichkeit, dass Ihr Gesprächspartner Ihnen zuhört, ist größer, wenn Sie ihn ansehen, weil Sie die Aufmerksamkeit damit förmlich einfordern.[V] Es zeigt aber auch deutlich, dass Sie aus einem Land kommen, in dem ein direkter, andauernder Blickkontakt gewünscht und gepflegt wird. Das kann man jetzt positiv und negativ werten. Wenn wir uns gegenseitig in die Augen schauen und Nähe herstellen, ist das positiv. Wenn sich aber Introvertierte förmlich durch den Gruppenzwang genötigt fühlen, nach eigenem Empfinden unangemessen viel Blickkontakt zu halten, dann ist dies negativ.

Schon im Knigge steht, dass ein direkter Augenkontakt in anderen Ländern häufig als äußerst unhöflich empfunden wird.[VI] In China und Japan zum Beispiel wird Ihnen mangelnder Respekt und ein aggressives Verhalten vorgeworfen, wenn Sie zu lange den Blickkontakt einfordern. Das gilt auch im afrokaribischen Raum, wo der Sprecher zwar den Zuhörer anschaut, dieser aber den Blick eher abwendet. Nicht miteinander verwandte arabische Männer und Frauen würden einen längeren Blickkontakt häufig als Flirtversuch deuten.[VII]

Eine spannende Theorie gibt es auch von den Psychologen Shogo Kajimura und Michio Nomura, die meinen, dass wir den Blickkontakt abbrechen, um das Gehirn nicht zu überlasten. Wie ich schon erwähnte, hilft es uns häufig, Erinnerungen und somit auch Wörter im Gehirn abzurufen, wenn wir die Augen bewegen. Wenn Sie allerdings gleichzeitig den Blickkontakt halten und sich eine emotionale Nähe aufbaut, dann fallen Ihnen eventuell einige Wörter nicht ein, und bevor Sie sprachlos mit geöffnetem Mund dastehen, weichen Sie wahrscheinlich eher mit dem Blick aus.[VIII]

Bleibt noch die Frage, wie lange Sie Ihrem Gegenüber in die Augen schauen sollten. Durch die Kommunikationsszene schwirren manchmal utopische Zahlen wie 90 Prozent.

Im Vier-Augen-Gespräch wird gerne zu 60 Prozent geraten.[IX] Wenn Sie sich damit wohlfühlen, bin ich absolut dafür. Mein Tipp: Beobachten Sie Ihr Gegenüber. Möchte er angeschaut werden und fühlt sich damit sichtlich wohl, dann halten Sie mit Ihren Linsen drauf. Wenn Ihr Zuhörer allerdings unruhig auf dem Stuhl hin und her rutscht und Ihrem Blick immer wieder ausweicht, dann schauen Sie eben weg.

Merken Sie sich über den Daumen gepeilt, dass Sie häufig mit fifty-fifty gut fahren. Machen Sie keine Wissenschaft daraus. Dann gibt es noch die Meinung, dass Sie bei einem Vier-Augen-Gespräch 3,3 Sekunden Blickkontakt halten sollten.[X] Diese Länge wird als angenehm empfunden. Ich frage mich gerade, wie ich mich auf den Inhalt konzentrieren soll, wenn ich ständig dabei zählen muss: »1, 2, 3 und ein paar Zerquetschte.« Falls Sie mit mehr Pausen reden möchten, dann wird zu vier bis fünf Sekunden geraten: »1, 2, 3, 4, 5«.[XI]

Da vor allem bei Präsentationen und Vorträgen zu einem sehr langen Blickkontakt geraten wird, führt dies häufig dazu, dass sich kaum ein Redner umdreht, also dem Publikum den Rücken zudreht. Das sollen Sie natürlich auch nicht dauerhaft tun. Und bitte nicht laut den kompletten Fließtext von den Powerpoint-Folien vorlesen, während der Zuhörer es doch gerade selbst liest. So etwas nennt man betreutes Lesen und ist nicht sonderlich beliebt. Doch hier und da ist ein Umdrehen erlaubt und sogar erwünscht, denn Sie sind nämlich der Dirigent. Sie entscheiden mit Ihrem Blickkontakt, wo Ihr Gegenüber hinschauen soll. Wahrscheinlich eher nicht zu dem Mann, der gerade den Saal verlässt, der Frau, die ständig auf ihr Handy schaut, oder auf andere Störenfriede. Überlegen Sie sich, was Ihre Zuhörer sich ansehen sollen. Möchten Sie gerne selbst angeschaut werden? Dann starten Sie mit dem Blickkontakt. Bitte direkt immer wieder in ein einzelnes Augenpaar. Dadurch bekommen Sie automatisch eine persönliche Ansprechhaltung. Schauen Sie bitte nicht leicht über die Köpfe hinweg. Gerade Teilnehmern mit starkem Lampenfieber wird dies geraten.

Meine Erfahrung: Es beruhigt Sie viel mehr, wenn Sie ein paar Sätze in ein einzelnes freundliches Gesicht sprechen. Sagen Sie in ein liebes Augenpaar: »Schön, dass Sie heute hier sind. Herzlich willkommen.« Dann schauen Sie weiter und sagen in das nächste sympathische Augenpaar: »Ich bin nun der erste Vortrag nach der Mittagspause, und ich hoffe, dass Sie alle ausreichend Kaffee dabei haben.« Ein Vier-Augen-Gespräch nach dem anderen.

Natürlich können Sie auch auf die Nasenwurzel schauen, wenn es Ihnen hilft. Ihr Gegenüber wird den Unterschied meistens nicht erkennen, ob Sie auf den Punkt zwischen den Augen schauen oder direkt in das eine oder andere Auge. Ich mag es nicht so gerne, weil einige dadurch in ein unemotionales Starren verfallen. Warum? Weil Ihr Blick nicht von einem Auge zum nächsten wechselt, sondern souverän in der Mitte hängenbleibt und Sie dadurch die Emotionen in den Augen weder sehen noch lesen können.

Ob beim Vier-Augen-Gespräch oder auf der Bühne: Schauen Sie doch bitte Ihren Zuhörern direkt in die Augen. Meinetwegen nur drei Sekunden und insgesamt nur 30 Prozent, aber schauen Sie direkt zum berühmten Fenster zur Seele. Und in der restlichen Zeit blicken Sie mal auf die Powerpoint-Folie, mal zu der Person, die gerade redet, und ab und an lassen Sie die Augen dorthin schweifen, wo Sie Ihre Erinnerungen im Gehirn abgelegt haben.

Ich habe damals als Sängerin noch gelernt, dass ich gefälligst so faszinierend zu sein habe, dass die Zuhörer mir mit den Augen folgen. Selbst wenn ich ihnen den Rücken zudrehe, die Augen schließe oder zum Himmel schaue. Spüren Sie Ihr Publikum. Bauen Sie gedanklich eine solide Brücke auf. Diese können Sie mit dem Blickkontakt verstärken, aber ein dauerhaftes Anstarren ist nicht nötig.

#BESSERSPRECHERTIPPS

1. Falls Sie auf die Augenbewegungen achten möchten, dann legen Sie beim Smalltalk vor dem offiziellen Gespräch Ihre Aufmerksamkeit darauf, wo Ihr Gesprächspartner hinschaut. Nehmen Sie den Ist-Zustand wahr. Und selbst wenn er danach beim Gespräch in die vermeintlich falsche Richtung schaut: nicht sofort verurteilen. Haken Sie lieber nach und überprüfen Sie diesen ersten Eindruck. Nach einem kleinen Wochenend-NLP-Trip werden Sie nicht gleich zum Profi im #augenzuckenlesen.

2. Üben Sie den Blickkontakt mit einer guten Freundin oder einem guten Freund. Während des Redens, Nachdenkens und Zuhörens stets in die Augen schauen. Später reicht es vollkommen, wenn Sie circa 60 Prozent in die Augen schauen. Aber beim Üben können Sie sich ja mal an die 90 Prozent herantasten.

3. Denken Sie sich: »Wie würde es sich anfühlen, wenn ich Spaß daran hätte, meinem Gegenüber in die Augen zu schauen?« – »Habe ich aber nicht.« – »Das ist okay. Doch das habe ich nicht gefragt. Sondern: Wie würde es sich anfühlen, wenn ich Spaß daran hätte, meinem Gegenüber in die Augen zu schauen?«

4. Ihr Ohr richtet sich häufig nach den Augen. Dort, wo Sie hinsehen, wird der Ton lauter gedreht. Sie können Ihrem Gegenüber also leichter folgen, wenn Sie ihn ansehen, als wenn Sie Ihren Blick immer wieder durch den Raum schweifen lassen würden.

5 Beim Flirten wird der Blickkontakt häufig bewusst länger gehalten. Wenn Sie diesen Eindruck nicht erwecken möchten, dann senken Sie immer mal wieder den Blick.

6 Sie haben Angst vor Hunden? Dann schauen Sie nicht hin. Konzentrieren Sie sich auf den Rasen, den Baum, den Himmel oder auf eine andere Person. Vermeiden Sie die Kontaktaufnahme durch Anstarren.

7 Wenn der Blickkontakt gehalten wird, kann dies bedeuten: #teilediemeinung #binprofessionellerlügner #möchtenähe #binneugierig #binehrlich #binaufmerksam #binselbstbewusst #habeselbstvertrauen #nehmekontaktauf #fordereaufmerksamkeit #möchteüberzeugen #binvertrauenswürdig #binextravertiert #binkonzentriert #bindeutscher #bindominant #willeinschüchtern #willflirten

8 Wenn jemand Ihrem Blick häufig ausweicht, kann dies unter anderem bedeuten: #binunsicher #binintrovertiert #braucheabstand #binaraber #binafroamerikaner #binchinese #binjapaner #willdasgehirnnichtüberlasten

9 Halten Sie 30 bis 60 Prozent Blickkontakt bei einem Vier-Augen-Gespräch. Bei einer Präsentation darf dies deutlich länger sein. Damit Sie aber niemanden überfordern, schauen Sie immer wieder ruhig eine Person für ein oder zwei Sätze an und wandern dann zum nächsten neugierigen Augenpaar weiter. So verwandeln Sie eine Präsentation in mehrere kleine Vier-Augen-Gespräche, bei denen sich die meisten deutlich wohler fühlen.
In Fällen, wo Ihr Zuhörer nicht unmittelbar vor Ihnen sitzt, ist ein längerer Blickkontakt gut und wichtig, zum

Beispiel bei einem Videodreh oder bei Webinaren. Bitte direkt in die Kamera. Ich erlebe es immer wieder, dass auf den Bildschirm geblickt wird, doch damit fühlt sich der Zuhörer auf der anderen Seite der Kamera nicht angeschaut. Falls Sie also Blickkontakt möchten, dann direkt in die Linse gucken.

10 Passen Sie Ihren Blickkontakt Ihrem Gegenüber an. Ihr Ziel ist hoffentlich ein wertschätzendes Gespräch, und dann gilt es, sich die Frage aus dem Achtsamkeitstraining zu Herzen zu nehmen: »Was braucht mein Gegenüber, damit wir uns verstehen?« Wenn mein Gegenüber sich wohlfühlt und sich nicht alles in seinem Körper gegen mich, meine Dominanz, meinen respektlosen Blickkontakt wehrt, dann fallen meine Worte auch eher auf fruchtbaren Boden.

11 Bei Präsentationen dirigieren Sie mit dem Blick. Möchten Sie, dass die Zuhörer sich eine Powerpoint-Folie ansehen, dann schauen Sie auch selbst auf die Folie. Und zwar so lange, bis das Publikum ausreichend Zeit hatte, sich alles durchzulesen, was dort steht. Im besten Fall sind nur Bilder drauf, dann geht es schnell. Wenn allerdings ein Zitat gelesen werden soll, dann schauen Sie zur Folie und lesen Sie – nur in Gedanken – die Zeilen in Ruhe durch. Danach wenden Sie wieder den Blick nach vorne, um weiterzureden.

12 Bauen Sie gedanklich und emotional eine Verbindung zu Ihrem Gegenüber auf. Dann besteht diese auch, selbst wenn Sie mal mit den Augen abschweifen.

I »Hirnrissig – Die 20,5 größten Neuromythen« von Henning Beck, Goldmann Verlag, Neuauflage 2015

II Homepage www.landsiedel-seminare.de, 2.4 Augenbewegungsmuster, Link: https://www.landsiedel-seminare.de/nlp-bibliothek/practitioner/p-02-04-augenbewegungsmuster.html

III »15 Tipps für erfolgreiches Präsentieren«, Internetartikel von Björn Rolletter, »mainzer-manager«, 03.10.2014, Link: https://ems.de/mainzer-manager/15-tipps-fuer-erfolgreiches-praesentieren/

IV »10 Reasons Eye Contact is Everything in Public Speaking«, Internetartikel von Sims Wyeth, Präsentationscoach, 18.06.2014, Link: https://www.inc.com/sims-wyeth/10-reasons-why-eye-contact-can-change-peoples-perception-of-you.html

V »Here's Why Eye Contact Is So Awkward for Some People«, Internetartikel von Christine Ro, »The Cut«, 06.07.2017, Link: https://www.the-cut.com/article/heres-why-eye-contact-is-so-awkward-for-some-people.html

VI »Der neue große Knigge – Richtige Umgangsformen privat und im Beruf« von Silke Schneider-Flaig, Compact Verlag, 2016

VII »Der Blickkontakt – mit Körpersprache wirkungsvoll kommunizieren – Folge 2«, Internetartikel von Siegbert Scheuermann, 08.12.2015, Link: https://sglscheuermann.com/2015/12/08/der-blickkontakt-mit-koerpersprache-wirkungsvoll-kommunizieren-folge-2/

VIII »Blickkontakt, Augenkontakt (Psychologie, Psyche)«, Studie an der Kyoto Universität von den Psychologen Shogo Kajimura und Michio Nomura, Dezember 2016

IX »Make the Right Amount of Eye Contact with the 60 Percent Rule« von Kristin Wong, Internetartikel für »Lifehacker«, 24.09.2015, Link: https://lifehacker.com/make-the-right-amount-of-eye-contact-with-the-60-percen-1732699885

X Studie »Pupil dilation as an index of preferred mutual gaze duration« von Nicola Binetti, Charlotte Harrison, Antoine Coutrot, Alan Johnston, Isabelle Mareschal für die Internetplattform »The Royal Society«, 06.07.2016, Link: http://rsos.royalsocietypublishing.org/content/3/7/160086

XI »The Science of Eye Contact«, Internetartikel von Scott Schwertly, »ETHOS3«, 10.09.2014, Link: https://www.ethos3.com/2014/09/the-science-of-eye-contact/

3

#gehen

MYTHOS

Wenn Sie bei einer Präsentation zu viel herumlaufen, wirken Sie unsouverän.

Warum Standpunkte manchmal hilfreich sind und manchmal nicht, wie Gehen Ihnen zum Beispiel bei Lampenfieber helfen kann, und wieso Storytelling beim Gehen eine Rolle spielt.

»ICH KANN EINFACH nicht ruhig stehen, wenn ich eine Präsentation halte. Ich wackle ständig von einem Fuß auf den anderen.« Vor mir steht ein Mittfünfziger, der sich eben meinen Vortrag angehört hat und sich nun von mir einen Tipp wünscht. Ich sage ihm, dass diese ständige Gewichtsverlagerung vielleicht ein Zeichen dafür ist, dass sein Körper sich bewegen möchte. Wie wäre es mit Gehen? »Nein. Das habe ich früher gemacht, aber das wurde mir gerade in einem Präsentationsseminar abgewöhnt.«

Es kann ja sein, dass er vor diesem Training wie ein Tiger im Käfig ständig auf und ab gelaufen ist, was natürlich von vielen als ungünstig kommentiert wird.[1] Trotzdem war die Maßnahme in meinen Augen zu radikal: Er wurde auf ein Stück Zeitungspapier gestellt und sollte sich von dort nicht mehr weg bewegen. Dies hat er im Training irgendwann geschafft, doch kurz darauf fing die Übersprungshandlung mit dem Wackeln an. Wieso wurde dem Mann das Gehen komplett untersagt?

Dieses Phänomen begegnet mir immer wieder, wenn ich in einem Training die Vorzüge vom Gehen erkläre, denn nach kurzer Zeit hebt sich der erste Arm: »Aber wir sollen doch nicht gehen.«

Warum nicht? Ich kenne keine nennenswerte Studie, die herausgefunden hat, dass man schlechter präsentiert, wenn man sich viel bewegt. Ganz im Gegenteil, es spricht so viel dafür: Zum Beispiel lenken Sie automatisch die Aufmerksamkeit auf sich. Wir schauen automatisch dorthin, wo sich etwas bewegt. Deswegen starren wir auch häufig die zu spät kommenden Kollegen an, die sich in den Konferenzraum schleichen. Dort bewegt sich etwas. Und wir schauen hin.

Selbst wenn wir versonnen, gedankenversunken und fast schon meditativ nur auf einen Fleck der Erde schauen möchten, dann wählen wir häufig etwas, was sich bewegt. Wir schauen aufs Meer und beobachten die Wellen. Wir schauen in den Himmel auf die ziehenden Wolken. Wir schauen ins flackernde Kamin- oder Lagerfeuer. Oder auf eine Wiese, wo der Wind die Blumen hin und her wiegt. Wir schauen auch gerne Tieren oder kleinen Kindern beim Schlafen zu, wo sich der Brustkorb beim Atmen langsam hebt und senkt. Wir schauen aus dem Zugfenster, wie die Landschaft an uns vorbei rast.

Oder haben Sie schon mal bewegungslose Gegenstände hypnotisiert? Vielleicht mal aus Spaß den Kaffeebecher, in der Hoffnung, dass es jemand in der Familie sieht und nachschenkt. Aber selbst dann werden ihre Augen wahrscheinlich umherwandern. Vom oberen Rand über den Schriftzug bis zum Boden der Kaffeetasse. Wir sind ständig in Bewegung. Selbst in »völliger« Ruhe bewegen wir uns. Zum Beispiel über unseren Atem oder unsere Gedanken. Oder wenn Sie mit dem Sofa zu einer Einheit verschmelzen, so bewegt sich die eine Hand, um von einem Fernsehkanal zum nächsten zu zappen, und die andere greift immer mal wieder in die Chipstüte.

Die meisten Menschen spüren also einen Bewegungsdrang in sich, egal ob sie sich viel oder wenig bewegen. Und wir schauen gerne dorthin, wo sich etwas bewegt. Dies können Sie sich auf der Bühne zunutze machen, indem Sie sich bewegen. Da wir eher dorthin schauen, wo sich etwas plötzlich und unerwartet bewegt, wäre es tatsächlich ungünstig, sich ständig im selben Takt von links nach rechts zu bewegen; wobei die Richtung schon stimmt. Nur eben nicht in dieser regelmäßigen Frequenz.

Generell lässt eine seitliche Bewegung kaum Raum für negative Interpretationen. Wenn Sie sich ständig von vorne nach hinten bewegen würden, dann könnte das Zurückweichen in Kombination mit dem Satz »Ich freue mich unglaublich, dass

Sie heute hier sind« vielleicht unwahr und unstimmig rüberkommen. Beim Rückwärtsgehen würde ich mir eher Gedanken darüber machen, bei welcher Aussage ich dies mache. Beim seitlichen Gehen denke ich darüber gar nicht nach.

Wobei es auch einen großartigen Redner gibt, der über die Bühne und durchs Publikum stiefelt: Stefan Verra. Also nicht nur seitlich, sondern auch von hinten nach vorne und wieder zurück. Somit ist weder das Vor- und Zurückgehen noch das viele Bewegen automatisch ein Geht-gar-nicht. Wenn Sie sich dabei wohlfühlen und das Publikum Ihnen wachsam folgt, dann ist es ein gutes Stilmittel, um die Aufmerksamkeit zu erhöhen.

Im zweiten Kapitel habe ich schon erklärt, dass unsere Augenbewegungen einzelne Gehirnareale aktivieren. Wenn Sie also immer mal wieder von links nach rechts gehen, dann aktivieren Ihre Zuhörer immer wieder ganz viele Bereiche ihres Gehirns, wenn sie Ihnen mit den Augen folgen.

Allein schon deswegen kann ich nicht verstehen, warum immer wieder mit der Zeitung gearbeitet wird. Vielleicht wurde dies vom Fernsehen abgeleitet. Bei einer TV-Show werden für die Moderatoren Standpunkte auf den Boden geklebt oder gemalt, damit sie zur rechten Zeit am rechten Ort stehen, um perfekt ausgeleuchtet von der Kamera erfasst zu werden. Bei großen Rednerveranstaltungen wird dies mit Teppichen nachgemacht. Solange der Redner auf dem Teppich steht, kann die Kamera ihn gut erfassen. Natürlich geht auch mal ein Schwenk nach links und rechts, aber meistens achten die Redner darauf, dass sie auf dem Teppich bleiben.

So ein Teppich ist immerhin schon deutlich größer als ein Stück Zeitungspapier. Und die Teppichvariante kann ich gut verstehen, weil die Übertragung funktionieren soll und auch von den Videoaufnahmen hinterher eine Topqualität erwartet wird. Doch bei einer Kundenpräsentation und bei einer Jahresauftaktveranstaltung wird eher selten gefilmt, und daher brauchen Sie auch keine vorgefertigten Standpunkte.

GEHEN, ABER NICHT BLEIBEN

Und damit komme ich schon zu der nächsten Regel, von der mir immer wieder erzählt wird: Es wird gerne beigebracht, dass Sie in der Bühnenmitte einen Lieblingsstandpunkt finden und den immer wieder einnehmen sollen.[11] Von dort aus dürfen Sie sich wegbewegen, aber Sie kehren stets zu diesem Standort zurück. Dieser soll weder zu weit links noch zu weit rechts sein. Wie nah dieser Standpunkt am Bühnenrand sein darf, da teilen sich die Meinungen. Manche sagen, dass sie sich so nah wie möglich an den Bühnenrand stellen sollen, und andere meinen, lieber ein paar Meter dahinter. Von diesem einen wichtigen Standpunkt auf der Bühne gibt es auch Ableitungen zu drei Standpunkten, die dann Moderations- und Storytellingpunkte genannt werden: mittig der Moderationspunkt und seitlich links und rechts die jeweiligen Storytellingpunkte.

In die Praxis umgesetzt, bedeutet dies: Sie stellen sich vorne mittig an den Bühnenrand, begrüßen das Publikum und erzählen mit ruhigem Stand von Ihren Inhalten. Sobald Sie ein paar Zahlen, Daten und Fakten mit einer Geschichte verstärken möchten, wechseln Sie Ihre Position und gehen entweder nach rechts oder links, um dort dann so lange stehenzubleiben, bis Sie die Geschichte zu Ende erzählt haben. Danach gehen Sie wieder auf die ursprüngliche Position am vorderen mittigen Bühnenrand und erzählen dort so lange weiter, bis eine eingeplante Story wieder einen Positionswechsel erfordert.

Generell zum Storytelling: Die Idee, ein paar Fakten mit einer Geschichte zu verstärken, finde ich großartig. Denn unser Gehirn kann sachliche Inhalte viel leichter abspeichern, wenn wir dazu eine Emotion haben. Die Emotion entsteht häufig nicht bei einer reinen Sachlage, sondern meistens über eine emotionale Beispielgeschichte.

Ich kann Emotionen bei meinen Zuhörern auch wecken, indem ich mit …

… Sprechpausen arbeite. Die Zuhörer nutzen die Pause meistens, um sich das Gesagte bildhaft vorzustellen und in ihre eigene Welt zu übertragen. Dabei entstehen häufig Emotionen. Egal ob positiv oder negativ, die Emotionen helfen dabei, die Fakten im Gehirn zu verankern.

Ich arbeite auch gerne mit Bildern. Unser Gehirn liebt Bilder. Je absurder, desto schöner. Wenn Sie sich einen nackten Mann in geblümten Gummistiefeln mit einem Rasenmäher in Ihrem Garten vorstellen, dann werden Sie sicherlich nicht so schnell vergessen, dass Sie heute noch den Rasen mähen möchten. Manche sagen, dass es daran liegt, dass dieses Szenario so absurd ist, und manche meinen, dass es an der sexuellen Anspielung liegt, in die sich unser Gehirn spontan verliebt. Genauso arbeiten Gedächtnisweltmeister: Bilder, Bilder, Bilder. Die erzeugen Emotionen und dadurch können sie sich die Inhalte leichter merken.

Eine äußere Struktur – dazu zählen unter anderem die verschiedenen Punkte auf der Bühne – kann auch dabei helfen, dass der Zuhörer das Gesagte leichter einsortieren und somit abspeichern kann. Das spricht auf den ersten Blick für Moderations- und Storytellingpunkte. Doch wenn Sie auf der Idee ein bisschen weiter herumkauen, dann werden Sie merken, dass Sie die Struktur auch über die Körpersprache liefern können. Oder über eine klare Struktur bei Ihren Inhalten. Sie können es über bestimmte Standpunkte machen, Sie müssen es aber nicht. Und wenn Sie eher der Lauf- und nicht der Stehtyp beim Reden sind, dann schränken Sie sich mit solchen Regeln lieber nicht ein.

Der Grundgedanke hinter diesen einzelnen Standpunkten ist schlau: Sie können dadurch an bestimmten Positionen Gefühle bei Ihren Zuhörern verankern. Wenn die merken, dass Sie immer vorne rechts von schönen Erlebnissen erzählen, dann werden die wahrscheinlich schon innerlich entspannt ausatmen, sobald Sie sich dieser Position nähern. Das ist genauso, wie Sie es im Unternehmen handhaben. Wenn Sie sich zum Beispiel mit einem Kollegen beim letzten Treffen in Ihrem Büro gestritten haben, dann werden Sie das nächste Gespräch vielleicht lieber in der Kaffeeküche oder in einem Meetingraum führen, damit die alten Emotionen möglichst außen vor gelassen werden.

Ich bin also nicht komplett gegen die Idee, dass Sie auf der Bühne verschiedene Standpunkte einnehmen und sich diese vorher vielleicht sogar schon überlegen. Wenn Sie sich damit wohlfühlen, ist alles gut. Doch wenn jemandem, der gerne gehen möchte, diese Punkte förmlich aufgezwungen werden, schön markiert mit drei Zeitungspapierseiten, dann steht die Regel dem Menschen und seiner Authentizität im Weg.

Abgesehen davon können Sie solche Vorarbeit wahrscheinlich nur leisten, wenn Sie den Vortrag zuvor auswendig gelernt haben. Erst dann können Sie im Vorfeld exakt planen, an welcher inhaltlichen Stelle eine andere Standposition angebracht ist. Nur lerne ich persönlich meine Vorträge nie auswendig. Ich weiß, dass auch dies häufig anders gehandhabt und empfohlen wird, aber ich stelle mich bei jedem Vortrag spontan auf mein Publikum ein. Wenn ich nun meine Inhalte spontan anpasse, dann möchte ich nicht auch noch darüber nachdenken, wo und wann welcher Standpunkt auf der Bühne am geeignetsten wäre. Ich rede dann einfach. Wenn Sie Ihre Präsentation auswendig lernen, können Sie natürlich die Vorteile der unterschiedlichen Positionen nutzen: sowohl die Struktur als auch die verankerten Emotionen.

Falls Ihnen das Gehen liegt, dann hat es viele Vorteile. Falls Sie sich mit dem Gehen sehr unwohl fühlen, dann bleiben Sie lieber stehen. Die Hauptsache ist, dass Sie sich wohlfühlen und so entspannt sind, dass Sie sich unfallfrei auf die Inhalte konzentrieren können. Bei einem Training ist mir ein Teilnehmer mal von der Bühne gefallen, weil er sich beim Reden nicht auf das Gehen konzentrieren konnte. Danach stand er nur noch an einem Punkt und hat super Vorträge gehalten.

SOLL ICH NUN GEHEN ODER GEHEN?

Was sind nun weitere Vorteile des Gehens? Unter anderem können Sie sich besser konzentrieren. Es gibt ein altes japanisches Sprichwort, das frei übersetzt besagt: »Ist der Körper im Fluss, sind die Gedanken auch im Fluss.« Natürlich gilt dies nicht für jeden, aber bei vielen kommen die Gehirnzellen in Fahrt, sobald Sie sich vom Computer weg zur Kaffeemaschine bewegen. Auch bei Spaziergängen spreche ich immer wieder Sprachnachrichten in mein Handy, um meine Ideen festzuhalten. Und ich habe viele Kunden, die mir sagen, dass sie sich beim Telefonieren viel besser konzentrieren können, wenn sie sich bewegen.

Dadurch schlägt ein Blackout auch nicht so schnell zu. Selbst wenn ich mal einen Blackout auf der Bühne habe, was mir schon vor Hunderten Zuhörern passiert ist, dann fange ich an zu gehen, und mir fällt etwas ein. Leider nicht immer genau der Gedanke, der mir vorher entfallen ist, aber ich kann weiter reden und wirke dadurch souverän. Bei einem Stehpult ist so eine kurze Geheinheit eher ungewöhnlich. Das ist einer von vielen Gründen, warum ich von einem Rednerpult abrate: Bei einem Blackout können Sie nicht mal eben um das Rednerpult sprinten oder das Pult inklusive Mikrofon verlassen, um einmal die Bühne zu überqueren. Wenn Sie allerdings eh schon gehen, dann fällt es gar nicht auf.

Selbst wenn Ihnen beim Gehen nicht sofort etwas einfällt, so können Sie durch das Gehen die Pause viel leichter aushalten. Beim Stehen scheitert so mancher daran, eine längere Pause auszuhalten, doch wenn Sie gehen, haben Sie etwas zu tun, und die Sprechpause fühlt sich nicht ganz so unendlich an.

Überqueren Sie einfach mal schweigend die Bühne und geben Sie Ihren Zuhörern Zeit, über den letzten Satz nachzudenken. Sie könnten auch mit Absicht die Fernbedienung für die Powerpoint-Folien weglassen und für jede Folie persönlich zu Ihrem Laptop gehen. Mit dieser kleinen Veränderung haben Sie die

Möglichkeit zu gehen, Sie können dabei eine Sprechpause einlegen und sorgen für mehr Struktur. Dies geht natürlich nur, wenn Sie wenige Folien haben. Ich habe zum Beispiel bei einem Vortrag nur fünf Folien, und die klicke ich entspannt von Hand weiter. Falls Sie ein Feuerwerk an Folien geplant haben, bei denen ständig von links oder rechts etwas reingeflogen kommt, dann brauchen Sie natürlich die Fernbedienung.

Das Gehen hilft auch wunderbar bei Lampenfieber. Wenn die Nervosität Ihre Beine zittern lässt, dann gehen Sie erst recht. Mit der Bewegung werden Sie überschüssige Energie im Körper los. Deswegen rate ich auch Jugendlichen vor ihrem ersten Bewerbungsgespräch, Sport zu treiben. Und zwar so viel und so lange, bis der Körper gerade noch genug Energie für den aufrechten Gang zusammenkratzen kann. Für Lampenfieber ist dann keine oder kaum noch Energie übrig.

Und was ich faszinierend finde: Viele Körperfunktionen wie Atmung, Stimme, Körpersprache und Präsenz funktionieren meistens automatisch beim Gehen. Fangen wir mit der tiefen, ruhigen Atmung an. Denken Sie bei einem Spaziergang am Meer oder durch den Wald aktiv über die Atmung nach? Die meisten meiner Teilnehmer atmen beim Gehen unbewusst. Und somit tief in den Bauch. Die Hochatmung, also das hektische Atmen in den Brustkorb, schlägt dann erst vor lauter Aufregung kurz vor der Präsentation zu. Mit dem Gehen kann der Körper wieder loslassen und kommt leichter in die tiefe Atmung. Und da unsere Stimme tiefer in den Körper rutscht, wenn wir ihn komplett spüren, hilft das Gehen häufig auch beim Stimmsitz, also einer überzeugenden Stimmlage. Natürlich können Sie auch völlig verkrampft über die Bühne gehen, dann würde die Stimme eher nach oben rutschen. Doch wenn Sie ruhig und entspannt gehen, die Atmung dadurch tiefer wird, Sie die Füße spüren, dann ist die Wahrscheinlichkeit hoch, dass die Stimme eher in den Wohlfühlbereich rutscht, der auf unsere Zuhörer überzeugend wirkt.

Indem Sie übrigens beim Gehen die Bühne von links nach rechts erobern und sich beim Gehen häufig stärker selbst spüren als beim Stehen, wirken Sie auf die Zuhörer präsenter. Sie kommen dadurch auch mal näher an die Zuhörer rechts und links heran und können persönlich zu ihnen sprechen. Besonders beliebt ist das Gehen auch bei denjenigen, die sich ungern mit der Körpersprache auseinandersetzen und sich mit der Frage quälen: »Wohin mit den Händen?« Beim Gehen bewegen wir die Arme und Hände häufig nicht, und somit fällt bei vielen die Körpersprache flach. Denken Sie daran, dass Sie auch wirklich Strecke machen, wenn Sie schon gehen. Viele bleiben bei den ersten Versuchen immer noch in der Nähe der Zeitung, indem Sie nur zwei Schritte nach links und zwei Schritte nach rechts machen. Dann ist mein Tipp: Bleiben Sie lieber stehen. Entweder Sie gehen, oder Sie lassen es sein. Zwei Schritte nach links und rechts ist ein erweitertes Herumwackeln.

Sind Sie mal bei einem Meeting in der Rolle des Moderators, dann werden Sie das Gehen lieben. Wenn Sie, wie früher der Lehrer in der Schulklasse, durch den Raum gehen, dann können Sie viel leichter Plappermäuler zum Schweigen bringen, indem Sie einfach hinter ihnen stehen bleiben. Sie weisen nicht auf das störende Gerede hin, sondern reden einfach entspannt weiter oder machen sogar eine Pause. Viele Menschen mögen diesen Kontrollverlust gar nicht, den sie empfinden, wenn jemand hinter ihnen steht.

Um mehr Struktur in ein Meeting zu bringen, finde ich es auch charmant, wenn sich jeder Redner hinstellt. Möchte Herr Müller sein Projekt vorstellen, dann steht er auf und bleibt entweder am Platz stehen oder geht durch den Raum. Wenn er seinen Beitrag verkündet und alle Fragen beantwortet hat, dann steht der Moderator wieder auf oder der nächste Kollege mit einem Wortbeitrag. Wenn wir stehen und die restlichen Kollegen sitzen, können wir viel leichter jemandem das Wort erteilen und andere unterbrechen. Vor allem, wenn Sie dazu noch durch den Raum gehen. Das ist eine ganz subtile, nonverbale Dominanz.

Wie Sie merken, habe ich nichts dagegen, dass wir mit der Körpersprache und mit verschiedenen Standorten eine Struktur in unsere jeweiligen Präsentationen bringen. Und auch ich finde es ungünstig, wenn jemand von einem Bühnenende zum anderen rennt, schnell die Wand abschlägt und wieder zur anderen läuft. Gute Präsentationen leben von der Überraschung: eine unerwartete Bewegung, eine längere Pause als gewohnt und überraschende Bilder, die Sie entweder aussprechen oder an die Wand werfen. Diese Überraschungen sorgen für Aufmerksamkeit, und deswegen gilt in meinen Trainings folgender Satz: Nichts ist so schlimm, dass Sie es nie machen dürfen, und nichts ist so toll, dass Sie es immer machen sollten.

Wenn ich also die Vorzüge vom Gehen erwähne, so heißt es nicht, dass Sie, wie bei einem Laufspiel früher in der Schule, hin und her rennen sollen. Und auch wenn ich es schlau finde, gewisse Standpunkte zu verankern, so wehre ich mich gegen das zu starre Schwarz-Weiß-Denken mit Moderations- und Storytellingpunkten. Das dürfen und sollen Menschen umsetzen, die sich damit wohlfühlen. Doch ich kenne viele, die das weder mögen noch nutzen, und die reden deswegen nicht schlechter.

Ich weiß noch, als ich vor vielen Jahren mit einer angehenden Kollegin einen Vortrag geübt habe. Sie kam frisch von einer Speakerausbildung und wollte gerne von mir ein Feedback zu ihrem Abschlussvortrag haben. Heute lachen wir beide uns schlapp darüber, weil ich meinen Mund gefühlt einige Minuten nicht wieder zubekam. Sie setze all diese Regeln ein: Moderations- und Storytellingpunkte, wenig gehen, gefühlt 100-prozentiger Blickkontakt, eine offene Körpersprache und noch viele andere Highlights, auf die ich in diesem Buch eingehen werden. Als ich sie erstaunt fragte, ob das ihr Ernst sei, kam heraus, dass sie sich damit auch nicht wohlfühlen würde. Aber genauso wäre es ihr beigebracht worden. Für viele vielleicht der richtige Weg, doch für sie definitiv nicht. Heute ist sie eine erfolgreiche Rednerin, die mit Charme, Authentizität und ihrem ungewöhnlichen Auftreten das Publikum überrascht und begeistert. Einfach, weil Sie sich getraut hat, ihren eigenen Weg zu gehen.

#BESSERSPRECHERTIPPS

1. Gehen Sie, wenn Sie merken, dass Ihr Körper sich bewegen will. Nicht wie eine große Pendeluhr immer mit derselben Schrittfolge und demselben Rhythmus, sondern lieber überraschend. Mal gehen Sie fünf Schritte nach rechts, bleiben stehen und danach gehen Sie zwei Schritte nach links. Danach vielleicht noch ein paar Schritte in dieselbe Richtung (nach links), bevor sie dann nach einer kurzen Pause komplett auf die andere Seite wechseln.

2. Lieber seitlich gehen als vor- und rückwärts, falls sich das für Sie stimmig anfühlt.

3. Verändern Sie gerne mal den Standpunkt, um an einzelnen Positionen verschiedene Stimmungen klar zu verankern. Zum Beispiel: Kritikgespräche im Büro, entspannte Feedbackgespräche in der Kantine. Setzen Sie sich mit an den Tisch, wenn Sie als Teil Ihres Teams wahrgenommen werden wollen, aber stellen Sie sich vor Ihre sitzende Mannschaft, wenn Sie als Teamleiter gesehen werden möchten.

4. Entscheiden Sie vorher, ob Sie eine Präsentation auswendig lernen möchten oder nicht. Wenn Sie alles auswendig abspulen können, dann ist es auch möglich, sich vorher schon bestimmte Positionen zu überlegen, wo sie welche Inhalte vermitteln, um Ihrem Vortrag eine Struktur zu geben. Reden Sie allerdings frei, dann machen Sie sich diesen Stress bitte nicht.

5 Vorteile vom Gehen: #guteatmung #wenigerlampenfieber #wenigerblackout #mehrpräsenz #mehraufmerksamkeit #besserekonzentration #entspannterestimme #mehrpausen #mehrstruktur #souveränität #dominanz

6 So klappt das Gehen am besten: #seitlichgehen #streckemachen #stehpauseneinlegen

7 Reden Sie lieber ohne Rednerpult. Sie können es an den Rand stellen, um Ihr stilles Wasser darauf zu positionieren oder ein Handy mit einem Timer, um die Sprechzeit im Blick zu haben. Ich lege auch immer ein Taschentuch darauf und eventuell Notizen. Wobei für all diese Dinge ein Bistrotisch besser geeignet ist als ein Rednerpult. Und auf das Mikrofon am Rednerpult sind Sie auch nicht angewiesen: Nutzen Sie lieber ein Headset oder ein Krawattenmikrofon, damit Sie beim Reden die Hände frei haben und auch gehen können, falls Ihnen danach ist.

8 Nichts ist so schlimm, dass Sie es nie machen dürfen. Und nichts ist so toll, dass Sie es immer machen sollten.

I »5 Fehler, die Sie beim Präsentieren unbedingt vermeiden sollten«, Internetartikel von Markus Tirok, »W&V«, 11.05.2016, Link: https://www.wuv.de/agenturen/5_fehler_die_sie_beim_praesentieren_unbedingt_vermeiden_sollten

II »Die richtige Position auf der Bühne – Da stehen Sie gut«, Internetartikel von Doro Plutte, Link: http://doroplutte.de/die-richtige-position-auf-der-buehne-da-stehen-sie-gut/

4

#positiverbereich

MYTHOS

Halten Sie Ihre Hände beim Reden immer im positiven Bereich.

Warum Perfektionismus Ihnen häufig einen Strich durch die Kommunikationsrechnung macht und Sie Ihren Stuhl beim nächsten Meeting schräg zum Tisch stellen werden.

OFFIZIELL GIBT ES drei Bereiche, über die in der Kommunikationsszene gerne geredet wird: der negative, der neutrale und der positive Bereich.[1] Sobald Sie Ihre Hände unterhalb der Gürtellinie halten und bewegen, wirkt dies angeblich unsicher, unbeweglich und negativ, und Sie haben keine Chance, damit Ihre positive Aussage zu unterstützen. Offiziell ein richtiges No-Go. Ein Bäh und Pfui. Und deswegen wird das auch fast jedem abgewöhnt. Sie wollen doch nicht negativ wirken, oder?

Da wäre der neutrale Bereich schon besser. Der befindet sich in Höhe der Gürtelschnalle. Wenn Sie Ihre Hände in dem Bereich halten, dann wirken Sie anscheinend sachlich, verbindlich und haben eine wunderbare Ausgangsposition für eine natürliche Gestik. So die gängige Meinung. Ernsthaft? Das soll eine gute Startposition für eine authentische Körpersprache sein? Überlegen Sie doch mal kurz, wo Ihre Lieben zu Hause Ihre Hände haben, wenn Sie sich mit ihnen unterhalten. Ich greife Ihren Gedanken mal vor und behaupte, dass die Hände mal oben herumgefuchtelt werden und manchmal einfach nutzlos seitlich herunterhängen. Manchmal bewegen sie sich dynamisch und manchmal eher weich. Doch eben diese Menschen, die zu Hause noch eine facettenreiche natürliche Körpersprache haben, mutieren bei Präsentationen zu Robotern.

Ich habe auch Bekannte, die ihre Hände privat ab und an in diesem neutralen Bereich bewegen. Bei denen ist es dann in der Tat authentisch, wenn sie dies bei wichtigen Gesprächen wiederholen. Doch viele verändern sich komplett, sobald gefühlt der Vorhang hochgezogen wird. Mit anderen Worten: Sobald sie die berufliche Bühne betreten oder das Büro des Kunden oder wirklich eine Vortragsbühne, erfinden sich diese Menschen – Zack! – neu. Das ist in meinen Augen meistens weder natürlich noch authentisch.

Ganz im Gegenteil. Wenn Sie mit diesem neutralen Bereich einmal angefangen haben, bekommen Sie die Hände dort nie wieder weg. Ich sage scherzeshalber gerne, dass dort ein Magnet eingebaut ist, und sobald sich die Hände im neutralen Bereich berühren, werden die Magneten aktiviert und ziehen sich magisch an. Da wird vielleicht mal krampfhaft ein paar Zentimeter die rechte Hand nach oben bewegt, aber dann schnallt sie ruckzuck wieder zurück in die Ausgangsposition.

Häufig wird Angela Merkel dafür belächelt, dass sie ihre Hände fast ausschließlich in diesem Bereich hält. Doch wenn ich mich auf den deutschen Bühnen der Konferenzen umsehe, dann sehe ich fast überall dasselbe Bild. Nicht alle mit der berühmten Merkel-Raute, aber oft mit einer anderen Handhaltung in Höhe der Gürtelschnalle. Manchmal habe ich das Gefühl, dass einige einen Winkel an ihren Ellbogen schrauben, damit sie ihn auch ja nie wieder aus dieser Position entlassen können.

Machen Schauspieler das auch? Brauchen die einen Winkel im Ellenborgen und ihre Hände im neutralen Bereich, um eine Person zu spielen, die besonders sachlich und verbindlich wirken soll? Wohl kaum. Ich kenne dies von John Wayne, aber der macht das, damit er schnell seinen Colt ziehen kann, der natürlich im negativen Bereich hängt.

ALSO DEN COLT WOANDERS TRAGEN?

Sie merken schon an meinem Sarkasmus, was ich davon halte. Ich finde es erstaunlich, dass sich etwas, das sich im privaten Bereich überhaupt nicht findet, in der beruflichen Kommunikation so durchsetzen konnte. Wenn ich von der Bühne aus frage, wer seine Hände zu Hause so bewegt, dann meldet sich meistens keiner oder maximal ein bis zwei. Ich erlebe Führungskräfte, die beruflich ihre Hände brav im neutralen Bereich halten, die aber privat im Leben nicht auf die Idee kämen, ihre Arme künstlich anzuwinkeln, nur um ihrer Frau auf optimale Art und Weise ein Kompliment zu machen. Wenn diese Handhaltung so viel positiver wirkt, warum machen wir sie dann nicht auch zu Hause?

Damit Sie es schaffen, Ihre Hände auch ständig in dieser vermeintlich optimalen Höhe zu halten, wird zu Stiften geraten. Und zu Karteikarten.[11] Und zur Fernbedienung für die Powerpoint-Präsentation. Mein persönliches Hauptziel ist es dagegen, diese Stifte nach der Nutzung schnell wieder aus der Hand zu legen. Denn wenn ich die Marker während eines Seminars zu lange in der Hand halte, dann spiele ich an der Verschlusskappe herum. Das führt dazu, dass der kleine Bügel schnell abbricht und ich nach einem Seminartag bunte Hände habe, weil die Kappe immer wieder abgesprungen ist. Angeblich soll der Stift dabei helfen, dass Sie Ihre Hände ruhig halten, doch ich habe bisher erst zwei Menschen gesehen, die nicht mit dem Stift herumgespielt haben. Besonders nervig ist es, wenn jemand einen Kugelschreiber in der Hand hat und ständig die Miene klicken lässt. Klickklack … draußen … klackklick … drinnen … Wenn permanent mit einem Gegenstand in den Händen gespielt wird, dann schaue ich dorthin. Und es lenkt mich als Zuhörerin ab.

Ähnliches passiert mit den Karteikarten. Da werden die

Ecken umgeknickt, der Rand sorgsam abgestrichen und auch gerne mal in eine Art Fernrohr verwandelt. Ich habe nichts gegen Karteikarten. Die sind super. Und nützlich. Doch erst, wenn Sie genau wissen, dass Sie auch in der Lage sind, ohne diese Karten zu reden, das heißt, wenn Sie sie nicht als Stütze brauchen, um die Hände zu beschäftigen. Privat brauchen Sie doch auch keine Karten, Stifte und Fernbedienungen, um mit Ihrem Partner zu reden. Oder rennen Sie ins Wohnzimmer, stellen dann erschrocken fest, dass Sie Ihren Lieblingsstift vergessen haben, rennen wieder zurück ins Arbeitszimmer, um inklusive Stift wieder zurückzukehren und die Diskussion zu beginnen? Wohl kaum.

Wenn Sie also privat keinen Stift brauchen, wieso dann beruflich? Wenn Schauspieler ihn nicht brauchen, um normale Menschen in natürlichen Situationen zu spielen, warum dann Sie? Und warum nur im beruflichen Umfeld? Meine Logik wehrt sich dagegen, dass ich mit den Händen in Höhe des Gürtels sachlicher wirken soll und automatisch negativ, wenn ich meine Arme fallen lasse.

Ich war mir sicher, dass ich bestimmt irgendwo eine Studie finde, die dies ad absurdum führt. Nein. Ich habe nur Berichte gefunden, wie toll doch dieses Anheben der Hände sei. Apropos: Es fehlt noch der positive Bereich. Der befindet sich offiziell zwischen der Gürtellinie und dem Schulterbereich[III] oder sogar bis zum Kinn[IV]. Wobei Sie dann aufpassen müssen, dass Sie nicht in das nächste Fettnäpfchen fassen, denn sobald eine Hand den Hals oder das Gesicht berührt, dann wird dies schon wieder negativ gewertet.[V] Das ist ein wahres Minenfeld. Überall drohen negative Bereiche, die Ihre wertvollen Sätze sabotieren.

Fassen wir zusammen: Wenn Sie Ihre Hände im Mittelfeld halten, dann wirken Sie verbindlich und sachlich, und wenn Sie Ihre Hände oberhalb der Hüfte bewegen, dann erwecken Sie damit einen positiven und vertrauenerweckenden Eindruck. Überzeugende Gesten sind laut Kommunikationsszene fast nur oberhalb der Gürtellinie möglich. Nur wenn Sie dort Ihre

Hände halten, können Sie angeblich lebhaft und überzeugend kommunizieren.

Diese viel gepredigte, sogenannte positive Handhaltung führt in meinen Trainings immer wieder zu immensen Schwierigkeiten. Zum Beispiel beim Lampenfieber. Denn wenn wir die Hände wie eine Barriere zwischen Ober- und Unterkörper halten, dann schaffen es viele aufgeregte Menschen nicht, entspannt – über die Handgrenze hinaus – in den Bauch zu atmen. Meine Teilnehmer atmen dann hektisch in den Brustkorb und landen bei der sogenannten Hochatmung, die wenig geeignet ist für eine voluminöse Stimme und ein überzeugendes Auftreten. Ich bitte sie dann, die Arme seitlich fallen zu lassen, und schon klappt es mit der ruhigen Bauchatmung. Danach testen wir es noch einmal mit der Handhaltung in Hüfthöhe, und schon besteht wieder diese mentale und körperliche Grenze, und die Atmung landet im Brustkorb.

Die Hochatmung wird auch Stressatmung genannt. Wir brauchen diese Atmung, um unsere Urinstinkte zu aktivieren. Schnell hoch geatmet – und schon schauen wir aufgeregt nach links und rechts und suchen die Gefahrenquelle. Überlegen Sie nur mal, wo Sie hinatmen, wenn Sie sich erschrecken. Genau. In den Brustkorb. Und wo atmen Sie spontan hin, wenn Sie vermuten, dass sich irgendwo eine »gefährliche« Spinne versteckt? Auch in den Brustkorb. Sie können dadurch schnell reagieren, flüchten oder voller Kraft in den Kampfmodus starten, indem Sie todesmutig das Glas über die Spinne stülpen, um sie kurz darauf im Garten wieder zu befreien. Diese Hochatmung ergibt Sinn, und zwar wenn Sie wirklich in Gefahr sind. Doch auf der Bühne ist dies nicht der Fall. Auch wenn es sich so anfühlt. Zu versagen ist eine Angst, die weit zurückreicht in der Geschichte der Menschheit. Wenn wir versagen, dann werden wir eventuell aus der Gemeinschaft ausgegrenzt, und früher bedeutete dies, dass wir – ohne die Sicherheit in der Gruppe – wahrscheinlich sterben.

TODESZONE BÜHNE?

Die wenigsten haben Angst davor, den Mund aufzumachen und ein paar Worte rauspurzeln zu lassen. Wir haben vielmehr Angst, auf der Bühne zu stehen und dann eventuell zu versagen. Mit einem Blackout, einer falschen Körpersprache, einer ungünstigen Wortwahl oder einer kreischenden Stimme. Wenn all dies passiert, während wir mit einem Freund oder einer Freundin zusammen sind, dann haben wir damit kaum ein Problem. Auf der Bühne jedoch sehr wohl, weil ein Versagen im Rampenlicht uns vermeintlich in Gefahr bringt. Aber Sie brauchen auf der Bühne oder in einer Kundenpräsentation Ihre Muskelkraft weder zum Flüchten noch zum Kämpfen. Stattdessen hätten Sie bestimmt gerne uneingeschränkten Zugriff auf Ihre Gehirnzellen, wo die vorbereitete Rede abgespeichert ist. Doch wenn Ihr Körper so mit diesen Urinstinkten beschäftigt ist, können Sie nicht klar denken. Der Blackout ist programmiert. Und dies verschlimmert das Lampenfieber vor der nächsten Präsentation.

Hier hilft Ihnen die Atmung. Ich bringe in meinen Seminaren gerne am Anfang eine gute, tiefe Atmung bei, nur damit die kurz darauf mit der Handhaltung im neutralen oder positiven Bereich wieder flöten geht. Wenn Sie routiniert sind und trotz dieser Handhaltung tief atmen können, dann lassen Sie Ihre Hände ruhig dort und halten an der Geste fest. Wenn nicht, dann lassen Sie die Arme lieber seitlich fallen.

Wie? Fallen lassen? Aber das ist doch negativ! Nein. Ist es nicht. Und ich möchte auch nicht, dass Sie ab sofort die Hände nur noch seitlich hängen lassen und nie wieder bewegen. Wenn das Ihr Wunsch ist, gerne, aber es wäre nicht mein Rat. Ich sehe diese Haltung nur als Basis – als Basis ohne Magnet. Sie lassen die Arme im ersten Schritt fallen, wie der Rhetorikexperte Michael Rossié es in seinen Trainings vorschlägt. Nach ein paar Sekunden oder Minuten werden sich Ihre Hände und

Arme dann bewegen. Vielleicht oberhalb der Gürtellinie, vielleicht unterhalb. Sobald die Hände nichts mehr zu tun haben, lassen Sie sie einfach wieder fallen. Ich habe festgestellt, dass meine Teilnehmer die Hände viel mehr bewegen, wenn sie als Basis die Hände unten halten, als wenn sie diese im neutralen Bereich ineinander verknoten. Letztlich hängen die Arme also selten herunter, sondern unterstreichen lebhaft das Gesagte, um dann wieder zu dieser Basis zurückzukehren.

Was spricht denn gegen diese Handhaltung mit den hängenden Armen? Wieso wird so häufig dagegen gewettert? Es sei eine energielose Haltung, die auf wenig Einsatz und wenig Dynamik oder sogar schlechte Laune schließen lasse. Ich habe auch mal gehört, dass wir umso energiegeladener wirken, je weiter wir die Hände von der Erdanziehungskraft wegbewegen. Konsequent umgesetzt dürften wir dann aber nicht unterhalb des Kinns aufhören, sondern müssten die Arme jubelnd nach oben reißen. Und ja, wir reißen die Arme nach oben, wenn wir jubeln und somit positiv sind. Dies lässt aber nicht automatisch den Umkehrschluss zu, dass ich schlechte Laune haben muss und somit negativ bin, wenn ich meine Arme fallen lasse. Sie können sich gerne mal einige Vorträge von mir im Internet anschauen. Ich glaube kaum, dass Sie mich als lethargisch und energielos wahrnehmen werden. Obwohl ich immer mal wieder die Arme – als Basis – fallen lassen.

HALTUNG IST WICHTIG FÜR DIE HALTUNG

Ähnlich erlebe ich es immer wieder mit der Körperhaltung. Der Hochstatus scheint das Nonplusultra zu sein. Aufrechte Haltung, das Kinn einen Hauch höher, große Gesten und laute Stimme. Das ist die perfekte Beschreibung für extravertierte Menschen, die in der Kommunikation häufig als Messlatte genommen werden. Wahrscheinlich habe ich deswegen immer wieder Introvertierte bei mir in den Trainings, die in diesem Kommunikationsregel-Spielkasten für Extravertierte kein passendes Werkzeug für sich finden. Bei mir landen aber auch diejenigen, die es mit dem Hochstatus übertreiben und sich wundern, dass sie häufig als arrogant wahrgenommen werden. Wenn Sie das Kinn auch nur einen Zentimeter zu weit nach oben nehmen, dann wirken Sie leicht arrogant. Das Kinn weit unten führt zum Dackelblick und das Kinn zu weit oben zur Dominanz.

Deswegen rate ich zu einer geraden Kopfhaltung. Hinten den Nacken strecken, als ob jemand ein paar Haarsträhnen am Hinterkopf nach oben zieht. Genau diese Haltung wird auch mit dem Buchtrick gefördert: Legen Sie ein schweres Buch auf den Kopf und gehen Sie damit durch Ihre Wohnung. Wenn Sie dann das Kinn zu weit nach oben heben, dann rutscht das Buch hinten herunter. Senken Sie das Kinn zu weit, dann fällt es vorne herunter. Es bleibt aber souverän auf Ihrem Kopf liegen, wenn Sie den Nacken strecken und das Gesicht gerade halten. Diese Übung kenne ich noch von meinem Schauspieltraining im Rahmen meines Gesangsstudiums.

Sie hören: Ich bin für eine aufrechte Haltung, wehre mich aber gegen den Umkehrschluss, dass ich automatisch negativ rüberkomme, wenn ich mal nicht gerade stehe und sitze. Ich habe in Seminaren mehrfach erlebt, dass sich vorne ein Trainer im Hochstatus hinstellt, die Arme ausbreitet und mit einem breiten Grinsen sagt: »Machen Sie mit. Spüren Sie es? Es ist kein negativer Gedanke möglich.« Um kurz darauf in sich zusammenzufallen, einen Flunsch zu ziehen und die Schultern hängen zu lassen: »Spüren Sie das? Jetzt ist kein positiver Gedanke möglich.« Mal wieder viel zu einfach und simpel heruntergebrochen. Wenn ich frisch verliebt bin, dann tanze ich in der Tat in aufrechter Haltung, mit weit ausgebreiteten Armen und glücklichem Grinsen durch den Garten. Ich sitze aber auch – noch genauso verliebt – auf einem Stuhl, lasse meine Schultern nach vorne fallen, lächle in mich hinein und erzähle einer Freundin, wie sehr ich mich darüber freue, dass ich ihn heute Abend wiedersehe. Ich kann natürlich in beiden Haltungen glückliche Gedanken haben und auch Glück ausstrahlen. Es kommt mal wieder auf das große Ganze an. Auf das Wahrnehmen der Grauzone.

Bei diesem Vorführeffekt mit der vermeintlich positiven und negativen Haltung wird nämlich nicht einfach nur die Haltung geändert, sondern auch der Gesichtsausdruck. Aufrechte Haltung und breites Grinsen versus schlappe Haltung und traurig schauen. Wenn Sie nur die Haltung testen möchten, dann stellen Sie sich glücklich aufrecht hin und gehen Sie danach eher in den Tiefstatus, ohne diese fröhliche, glückliche, innere Haltung zu verändern. Bei den meisten funktioniert das wunderbar. Und dann gibt es noch eine Vermischung von Tatsachen, die das Ergebnis verfälscht: Beim seitlichen Fallenlassen der Arme werden häufig auch die Schultern nach vorne gekippt. Ich rede dagegen nur davon, dass Sie die Arme fallen lassen, ohne bei den Schultern und im Nacken aus der aufrechten Haltung auszusteigen. In dieser Form ist es meiner Meinung nach überhaupt nicht negativ. Es ist eine starke, souveräne, entspannte, natürliche Haltung.

HALLO, STIMME! FOLGE MIR!

Als Sängerin habe ich einen ganz anderen Blick auf die Körpersprache. Denn die Körpersprache und auch Körperspannung beeinflussen den Stimmklang: Der Körper führt, und die Stimme folgt. Wenn Sie die Hände oberhalb Ihres Bauchnabels bewegen, dann folgt die Stimme und klingt höher. Bewegen Sie die Hände unterhalb Ihres Bauchnabels, dann sackt die Stimme nach unten. Viele Sänger arbeiten beim Üben viel mit der Körpersprache, weil sie wissen, wie stark sich die körperliche Bewegung auf die Stimme auswirkt. Bei einer Tonleiter nehmen wir beim höchsten Ton gerne die Hand weit nach oben, um sie dann langsam im Rhythmus Ton für Ton nach unten zu bewegen. Mein Gesangslehrer bat mich im Studium, eine Bach-Koloratur zu klopfen. Ich stand mit einem Stift vor dem Flipchart und habe jeden Ton mit dem Stift rhythmisch an das Flipchart geklopft. Konnte ich es in der Hand umsetzen, ging es auch mit der Stimme. Wollte ich eine weiche Passage legato singen, dann habe ich meine Hand weich bewegt. Bei staccato habe ich meine Stimme mit schnellen Bewegungen unterstützt.

Allein schon deswegen irritierte mich von Anfang an dieser vermeintlich positive Bereich. Ich nehme meine Hände nach oben, wenn ich einen höheren Stimmklang möchte. Da ich aber weiß, dass eine tiefere Stimmlage überzeugender wirkt, nehme ich bewusst in schwierigen Verhandlungen und wichtigen Gesprächen meine Hände nach unten. Und ich bewege sie entweder weich oder zackig, je nachdem wie ich meinen Stimmklang brauche. Ich denke nicht an negativ, neutral und positiv, sondern an hoch, tief, weich und zackig. Auch wenn ich Werbung gesprochen oder mal eine kleine Fernsehrolle synchronisiert habe, sorgte ich mit lautlosen Bewegungen dafür, dass ich mit der Körpersprache meine Stimme unterstütze.

Und falls Sie meine Erfahrungen anzweifeln, dann überlegen Sie doch mal, wo Sie Ihre Hände haben, wenn Sie sich ärgern.

Na? Wahrscheinlich oben. Und was folgt? Ein höherer Stimmklang. Sowohl bei den Männern als auch bei den Frauen. Wobei es bei den Frauen mehr auffällt, wenn sie eine Tonhöhe erreichen, die fast metallisch klingt. Und wo haben Sie Ihre Arme, wenn Sie ganz entspannt sind und mit entspannter – und dadurch tiefer – Stimme das wohlverdiente Wochenende einläuten? Wahrscheinlich eher unten.

Profis können natürlich die Arme heben und trotzdem die Stimme tief und voluminös klingen lassen. Für Redeanfänger ist es leichter, wenn sie sich darauf verlassen, dass die Stimme sich der Körpersprache anpasst. Wenn Sie zum Beispiel zackig klingen wollen, dann bewegen Sie die Hand ruckartig, und schon haben Sie diese Betonung auf der Stimme. Das werden Sie automatisch machen, wenn Sie Ihrem Kind energisch sagen: »Das! Machst! Du! Jetzt!« Wahrscheinlich bewegt sich dann bei jedem Wort die Hand, der Arm, der Kopf oder eine Augenbraue. Und wenn Sie am Wochenende einen über den Durst getrunken haben, dann bewegen Sie sich irgendwann ganz weich. Ihre Schritte, Ihr Blick, Ihre Arme bewegen sich in Zeitlupe. Und wie klingt Ihre Stimme? Weich wie Butter.

Wenn Sie nun die Körpersprache testen und keinen Unterschied in der Stimme hören, dann achten Sie besonders auf die Körperspannung. Denn auch die beeinflusst den Stimmklang. Je entspannter Sie sind, desto weicher klingt die Stimme, weil Sie weniger Spannung im Körper haben. Es steckt schon im Wort: Ent-spannung. Ihr Körper ist wie eine Gitarrensaite. Je stärken Sie die Saite spannen, desto höher geht der Ton. Genauso funktioniert Ihr Körper. Wenn Sie angespannt sind wie ein Flitzebogen, klingt Ihre Stimme höher. Falls Sie also weiterhin mit den Händen im positiven Bereich reden möchten, dann achten Sie besonders auf Ihre Körperspannung. Entspannen Sie. Lassen Sie los. Dann haben Sie gute Chancen, dass die Stimme trotz der erhobenen Hände entspannt klingt.

BAUCHNABEL KÖNNEN AUCH TIEF SITZEN

»Aber wie kann ich denn im Sitzen meine Hände unterhalb des Bauchnabels bewegen, um die Stimme tief zu halten?« Indem Sie sich seitlich zum Tisch setzen. Drehen Sie den Stuhl schräg zum Tisch. Wenn Sie, wie in der Schule, mit dem Stuhl gerade vorm Tisch sitzen, haben Sie natürlich nur die Chance, die Hände auf den Tisch zu legen, und damit sind Sie automatisch in dem vermeintlich positiven Bereich. Für meine Teilnehmer fühlt sich dies aber häufig nicht gut an. Wahrscheinlich, weil sie sich mit dieser Sitzposition tatsächlich an die Schulzeit erinnert fühlen. Sie drehen den Stuhl also seitlich zum Tisch. Dadurch können Sie mit der einen Hand alles greifen, was auf dem Tisch ist und die andere Hand ganz entspannt in allen Facetten bewegen, um Ihre Worte zu unterstreichen. Wichtig ist hierbei, dass Sie wirklich intensiv den Blickkontakt halten, damit Ihr Gesprächspartner nicht denkt, dass Sie sich innerlich abwenden.

Um noch mehr Entspannung in die Stimme zu bekommen, können Sie sich nach hinten lehnen. Häufig beugen wir uns beim Sprechen nach vorne und wundern uns, dass unser Gesprächspartner förmlich zurückzuckt. Wir treten in Aktion, sobald wir uns nach vorne beugen. Das ist als Effekt super, aber dauerhaft wirkt es manchmal übergriffig. Wenn Sie sich überraschend vorbeugen, dann fordern Sie förmlich die Aufmerksamkeit der Zuhörer ein, die Stimme ist lauter, weil der Körper angespannter ist, und Sie können ein paar durchdringende Worte sprechen. Doch testen Sie ruhig mal das Zurücklehnen als Basis. Damit meine ich nicht ein provozierendes Zurücklehnen mit den Füßen auf dem Tisch, sondern einfach nur entspannt nach hinten lehnen, wie Sie das auch zu Hause machen, wenn Sie sich nach einem langen Arbeitstag in den Sessel werfen. Je entspannter die Haltung, desto entspannter klingt meistens die Stimme.

Haben Sie sich schon mal gefragt, warum so viele Redner die Hände ähnlich halten? Erstens, weil sie im neutralen oder positiven Bereich bleiben wollen, und zweitens müssen die Hände ja irgendwo hin. Sie können die ja nicht wie zwei nasse Waschlappen einfach so hängenlassen, nachdem Sie die Winkel an den Ellenbogen angeschraubt haben. Deswegen ergreifen Sie mit der einen Hand – in Gürtellinienhöhe – die andere Hand. Häufig berührt dabei ein Daumen die Innenfläche der anderen Hand. Wenn Sie hier in einem NLP-Kurs ein positives Gefühl verankert haben, dann ist das schon wieder schlau, weil Ihr Körper sich dann automatisch ruhiger und sicherer fühlt, sobald Sie mit dem Daumen diesen Punkt berühren. Wenn Sie allerdings nichts verankert haben und nur hilflos mit der einen Hand die andere ergreifen, weil Sie sonst nicht wissen, wohin damit, dann wirkt es auf mich unsouverän. Die Merkel-Raute oder das Merkel-Dach ist eine weitere Option. Diese Handgeste gibt es schon sehr lange, doch kaum einer war so konsequent wie unsere Bundeskanzlerin. Ich finde es übrigens sehr charmant, wie sie die Kritiken entspannt weglächelt und an dieser Handhaltung festhält.

Authentisch ist es trotzdem nicht. Oder kennen Sie jemanden, der sich privat so unterhält? Der die Merkel-Raute im positiven Bereich einnimmt und fröhlich erzählt: »Du, ich war gerade im Kino. Toller Film. Wirklich. Sehr spannend und mit einem überraschenden Ende.« Kennen Sie jemanden? Ich nicht. Und wenn Sie es privat nicht machen, warum dann beruflich?

Als noch weniger natürlich empfinde ich es, die Hände so zu formen, als ob sie Schüsseln wären und Sie Wasser auffangen möchten. Und genau in dieser Position legen Sie die beiden Schüsseln übereinander. Wieder im neutralen oder positiven Bereich. Ich bitte Sie! Wer redet denn so in einem privaten, entspannten Umfeld? Und wie kann es sein, dass so etwas Unnatürliches Mode wird und ich immer und immer und immer wieder in Trainings auf diese Handhaltung treffe?

Und noch einmal: Wenn Sie sich privat wirklich so unterhalten, dann ist es genau die richtige Handhaltung für Sie. Wenn nicht, dann finden Sie heraus, wo Sie Ihre Hände normalerweise in entspannten Situationen haben und wie Sie Ihre Arme bewegen. Lernen Sie sich selbst kennen, anstatt sich Körper- und Handhaltungen überstülpen zu lassen, die vielleicht gar nicht zu Ihnen passen. Auf meine Frage, wo sie die Hände privat haben, kommt oft die Antwort: »In den Hosentaschen. Aber das darf man ja nicht.« Warum nicht? Sicherlich ist es nicht schlau, beide Hände tief in die Hosentaschen zu vergraben und so einen neuen Kunden zu begrüßen. Doch wenn Sie ab und an eine Hand in der Hosentasche haben, ist das völlig in Ordnung. Sie können auch nur den Daumen in die Hosentasche haken und mit der anderen Hand frei agieren.

Im Radio gibt es die Moderatoren und die Nachrichtensprecher. Die Moderatoren sind häufig herrlich unperfekt. Sie versprechen sich, haben mal einen Knoten in der Zunge, lachen sich über ein Blackout schlapp oder spielen die falsche Musik. Ihnen passieren Fehler, und sie lachen darüber. Und wir lachen mit. Bei den Nachrichtensprechern ist das anders. Wir erwarten einen seriösen Tonfall, gut recherchierte Inhalte und verzeihen maximal einen Sprechfehler pro Stunde. Wenn sich ein Nachrichtensprecher häufiger verspricht, dann runzeln wir erstaunt die Stirn beim Zuhören. Was beim Moderator lustig ist, wird beim Nachrichtensprecher nicht toleriert. Der Moderator ist unperfekt, der Nachrichtensprecher nahezu perfekt. Und jetzt überlegen Sie mal, warum Sie einen Radiosender hören. Hauptsächlich wahrscheinlich wegen der Musik. Da die aber heutzutage in vielen Sendern ähnlich klingt, entscheiden Sie dann wahrscheinlich nach dem Moderator. Wer gefällt Ihnen am besten? Haben Sie auch schon mal den Sender wegen des Nachrichtensprechers ausgewählt? Nach dem Motto: »Die Musik ist okay, der Moderator ist grauenvoll, aber der Nachrichtensprecher ist klasse. Den finde ich super.« Wahrscheinlich nicht.

Und wie ist es bei Freunden? Wählen Sie die nach dem Grad ihrer Perfektion aus? »Also die Hildegard ist perfekt. Sieht immer tipptopp aus, hat gut erzogene Hunde und Kinder, hat den Haushalt im Griff und ihren Mann sowieso, und nebenbei managt sie ein großes mittelständisches Unternehmen. Und darüber hinaus ist die noch supernett, intelligent und sympathisch.« Hätten Sie Hildegard gerne als Freundin? Ich nicht. Meine Freunde haben Ecken und Kanten, und ich liebe sie für jede einzelne. Sie sind – genauso wie ich – herrlich unperfekt. Das unterscheidet uns von Robotern. Das führt zu guten, tiefschürfenden Gesprächen, die Nähe herstellen. Und von denen würde niemand darauf achten, ob ich beim Reden die Hände in einem positiven Bereich halte oder nicht.

ZURÜCK ZUR NATUR ALSO?

Perfektionismus ist nicht das, was uns anzieht. Offiziell wissen wir das auch. Und inoffiziell versuchen viele in der Kommunikation ein perfektes Bild abzugeben. Weil doch die deutsche Geschäftswelt angeblich nun mal so ist und die Chancen auf Erfolg mit einem perfekten Auftreten steigen.

Das kann gut sein. Doch hauptsächlich geht es darum, glaubhaft zu sein. Und wie glaubhaft wirkt wohl ein Mensch auf mich, der sich beruflich eine Kommunikationsmaske überstülpt? Selbst wenn Ihr Kunde oder die Menschen, die einen Vortrag von Ihnen hören, Sie noch nie privat erlebt haben, so spüren sie wahrscheinlich instinktiv, dass diese Fassade nicht echt ist. Überlegen Sie sich also noch einmal ganz genau, ob die hängenden Arme zu Ihnen passen oder doch eine andere Armhaltung. Es gibt kein Richtig und kein Falsch. Wichtig ist nur, dass Sie eine Wahl treffen und sich auf den Weg begeben, den Weg zu Ihrer eigenen Körpersprache.

#BESSERSPRECHERTIPPS

1. Lassen Sie die Arme zuerst als Basis seitlich hängen, wie schon in den Tipps in Kapitel 1 beschrieben. AUSNAHME: Sie sprechen vor einer Videokamera. Dann gilt, dass die Hände noch gesehen werden sollen. Entweder wird die Linse weiter aufgezogen, so dass Sie bis zu den Hüften im Bild sind, oder Sie heben in der Tat die Hände mal in den neutralen oder positiven Bereich. Ich frage bei einer Videoproduktion immer, bis wo mein Körper aufgezeichnet wird, damit ich weiß, in welchem Bereich meine Hände gesehen werden.

2. Erkunden Sie Ihre eigene Körpersprache: Lassen Sie sich von Kindern oder Freunden erzählen, wo Sie normalerweise Ihre Hände haben, wenn Sie reden. Finden Sie heraus, wie Sie Ihre Hände gerne bewegen, damit Sie nicht ständig im Beruf oder bei Präsentationen mit der Merkel-Raute unterwegs sind.

3. Natürlich ist es ein Unterschied, ob Sie privat mit Ihren Kindern reden oder beruflich mit Kunden, doch die Körpersprache, Ihre Stimme, Ihre Mimik sollte dieselbe sein oder zumindest sehr ähnlich. Passen Sie sich an die Gegebenheiten an, aber erfinden Sie sich nicht komplett neu.

4. Falls Sie unbedingt einen Stift in der Hand halten möchten, dann nehmen Sie einen Bleistift. Mit dem können Sie weniger herumspielen.

5. Der Körper führt und die Stimme folgt. Hände oben = Stimme oben. Hände unten = Stimme unten. Armbewegung weich = Stimme weich. Armbewegung zackig = Stimme zackig.

6. Beim Sitzen den Stuhl gerne schräg zum Tisch stellen, damit Sie mehr Bewegungsfreiheit für die Hände haben. Und lehnen Sie sich entspannt zurück, wenn Sie zuhören oder auch beim Antworten einen entspannten Stimmklang wünschen. Beim Vorbeugen treten Sie in Aktion und haben deutlich mehr Kraft in der Stimme. Das ist ab und an ein tolles Stilmittel, doch dauerhaft wirkt es manchmal übergriffig.

7. Mit Perfektionismus werden keine kommunikativen Schlachten gewonnen, sondern mit Menschlichkeit. Streifen Sie mal die perfekte Hülle ab, und schauen Sie, was darunter steckt. Je näher Sie Ihrem authentischen Auftreten kommen, desto glaubwürdiger wirken Sie.

8. Wenn Sie es nicht ständig machen, dann ist es durchaus erlaubt, mal die Hand in die Hosentasche zu stecken oder den Daumen locker einzuhaken. Wichtig ist dabei, dass Sie bitte die Hand gerade nach unten in der Hosentasche versenken und nicht mit irgendetwas herumspielen. Wobei dies in manchen Schulen beigebracht wird: »Hier. Nimm ein paar Murmeln, steck sie dir in die Hosentasche und spiel damit. Das lenkt dich von der Aufregung ab.« Kann sein, dass es gegen die Nervosität hilft, ich würde trotzdem davon abraten, denn ohne Murmeln in der Tasche wird vielleicht sonst mit etwas anderem herumgespielt …

9. Nehmen Sie eine entspannte, aufrechte Haltung ein. Üben Sie ruhig mal das Gehen mit einem Hardcoverbuch auf dem Kopf. Ich weiß, dass dies albern aussieht, aber es ist sehr effektiv, um ein Gefühl für das äußere Aufrichten zu bekommen.

Bei Nervosität und Lampenfieber: Lieber für die tiefe Atmung die Arme seitlich fallen lassen.

I »Gestik – Wirksam überzeugen ohne Worte«, Internetartikel von Burkhard Strack, experto.de, 11.07.2008, Link: https://www.experto.de/kommunikation/praesentation/gestik-wirksam-ueberzeugen-ohne-worte.html

II »So wird deine nächste Präsentation zum Highlight«, Internetartikel von Johanna Roehr und Harriet Dohmeyer, FINK Hamburg, 26.01.2018, Link: https://fink.hamburg/2018/01/so-wird-deine-naechste-praesentation-zum-highlight/

III »Hände im positiven Bereich«, Internetartikel von Monika Matschnig, 24.11.2017, Link: https://www.matschnig.com/haende-im-positiven-bereich/

IV »Wohin mit den Händen? – Die richtige Körpersprache bei Präsentationen«, Internetartikel von Ernst-Marcus Thomas, Moderatorenschule Baden-Württemberg, 21.09.2016, Link: https://moderatorenschule-bw.de/wohin-mit-den-haenden-die-richtige-koerpersprache-bei-praesentationen

V »Hand-Hals-Gesten«, Internet-Körpersprache-ABC von Monika Matschnig, Link: https://www.matschnig.com/medien-presse/glossar-koerpersprache/

5

#pacingundleading

MYTHOS

Spiegeln Sie einfach die Körpersprache, Atmung, Wortwahl Ihres Gegenübers, um es dadurch zu Ihrem Ziel zu führen.

Warum eine vorschnelle Bewertung Ihres Gegenübers nicht zielführend ist, was ein sensibler Umgang mit NLP bedeutet und warum Sie eh schon vieles können.

ICH WEIß. Alle verantwortungsvollen NLP-Profis schreien gerade auf und fragen sich, ob ich den Schuss nicht mehr gehört hätte. Dass wertschätzendes Pacing (spiegeln) und Leading (führen) anders geht als oben geschrieben, ist mir bewusst. Wertschätzendes Pacing und Leading ist übungsintensiv, doch leider gab und gibt es den Trend, diese Techniken in knackigen Wochenendkursen zu zeigen, ohne dass die Teilnehmer den Hauch einer Chance haben, es hinterher auch korrekt umzusetzen.

Und deswegen gerate ich zuweilen an Menschen, die ständig hinter meiner Körpersprache herhecheln und sie imitieren, weil sie denken, dass sie mich spiegeln müssten, um eine gute Beziehungsebene aufzubauen. Wenn ich das mitbekomme, dann macht es mir einen Heidenspaß, mich ständig anders zu bewegen und hinzusetzen: Ich hebe den Arm, mein Gegenüber auch. Ich schlage mein rechtes Bein über das linke, mein Gegenüber auch. Ich atme schneller, mein Gegenüber auch. Einmal hatte ich sogar das absurde Erlebnis, dass mir jemand nicht in die Augen, sondern eine Etage tiefer, auf mein Dekolleté schaute, nur um meinen Atemrhythmus zu erkennen und dementsprechend zu spiegeln. Soviel zum Thema Beziehungsebene, die er damit nicht hergestellt hat.

Was ist nun dieses ominöse Pacing und Leading genau? Pacing bedeutet, dass ich jemanden spiegle. Genau übersetzt heißt es »mitgehen«: Ich gehe praktisch eine Weile in den Schuhen meines Gegenübers. Ich passe mich seiner Verhaltensweise an. Und Leading bedeutet nur, dass ich jemanden führe. Ich spiegle jemanden, der fühlt sich wohl, weil er denkt, dass ich genauso ticke wie er. Dadurch öffnet er sich, fasst Vertrauen und lässt sich dann von mir vielleicht in eine andere Richtung führen. Sehr einfach in der Theorie heruntergebrochen. Ich habe keinen Abschluss in NLP gemacht, dafür aber in den Bereichen Hypnose, Kommunikation und Psychologie, welche die Grundlagen von NLP darstellen. John Grinder und Richard Bandler, die Erfinder von NLP, haben sich damals in jedem dieser drei Bereiche Koryphäen gesucht und versucht, hinter die Geheimnisse zu kommen. Aus allem, was sie gesehen und entdeckt haben, entstand eine Anleitung für den Umgang mit dem eigenen Gehirn. Und diese Gebrauchsanleitung wurde dann auch dazu genutzt, wie wir mit uns und anderen optimaler kommunizieren.

Wobei es Grinder eher darum geht, dass sich die Menschen besser fühlen, während Bandler eher seine Neugierde befriedigt, was er mit seinen Techniken alles erreichen kann. Das können Sie klar an seiner Wortwahl in Interviews hören und bei Aufzeichnungen von seiner Arbeit sehen. Mit welcher inneren Haltung Sie NLP anwenden, spielt für die Zielerreichung keine Rolle, denn die Regeln sind so gut, dass sie sogar funktionieren, wenn sie jemand einsetzt, der null Empathie empfindet. Dies habe ich einige Male erlebt, deswegen ging mir jahrelang die Hutschnur hoch, wenn ich nur das Wort NLP gehört habe. Bis ich merkte, dass es nicht um die Techniken ging, sondern darum, dass Menschen sie entweder nicht wertschätzend einsetzen oder nicht korrekt anwenden.

Mittlerweile kenne ich viele verantwortungsvolle NLP-Trainer neben denjenigen, bei denen ich das Wort Verantwortung in dem Zusammenhang eher nicht verwenden würde. Diese geben dann wiederum viele Seminare und verbreiten ihre Sicht der Dinge, die dann irgendwann fast schon in Stein gemeißelt ist und die Kommunikationsszene stark beeinflusst.

Ich kann mich noch gut an ein Training in Barcelona erinnern. Ich bin dort von einem NLP-Trainer als Co-Trainerin gebucht worden. Es ging um circa 50 junge Mitarbeiter einer Bank. Es war ein Präsentationstraining auf Englisch, und damit die Teilnehmer ausreichend üben konnten, waren wir Trainer zu dritt. Wir haben ab und an Impulse vor allen gegeben und bei den Übungsrunden die Gruppe in drei kleinere Einheiten aufgeteilt. Die anderen beiden waren NLP-Trainer, und im Vorfeld habe ich mich manchmal elend gefühlt, weil die scheinbar so viel mehr Ahnung hatten als ich. Ständig warfen sie mir Begriffe zu und fragten: »Kennst du dieses Dreieck, in dem man sich bei einer Präsentation nur bewegen darf, um von allen gesehen zu werden?« – Häh? Nö. – »Aber du erwähnst doch Touch, Turn, Talk, oder?« – Häh? Nein. Nur als Randbemerkung: Diese beiden Regeln haben mit NLP nichts zu tun, doch die beiden Trainer hatten zig vermeintlich wichtige Regeln auf Lager.

Und dann wurde mir beim Abendessen vor dem Seminar noch gesagt, wie wichtig doch Wertschätzung sei und deswegen wäre es wichtig, dass ich die Namen von allen Teilnehmern schon vor dem Training auswendig könne. Sprach's und schob mir eine Liste mit Fotos und Namen zu. Ich war damals noch nicht so gut im Auswendiglernen von Namen und habe es nicht vollständig geschafft. Es folgte ein böser Blick von meinen beiden Co-Trainern. Während des Trainings habe ich dann mit meiner Gruppe einmal die Zeit überschritten und damit den gesamten Trainingsablauf ins Wanken gebracht. Diesmal kam zu dem bösen Blick eine verbale Zurechtweisung. Ich fühlte mich immer kleiner und fragte mich, warum ich überhaupt als Trainerin dabei war. Schließlich ging auch dieser Tag vorbei, und am Ende saßen wir mit zwei Geschäftsführern der Bank zusammen. Einer fragte: »Können wir mal alle Teilnehmer durchgehen, und Sie verraten mir, wo die jeweiligen Stärken liegen? Soweit Sie die an diesem einen Tag sehen konnten?« Ich schaute neugierig zu meinen Co-Trainern und war gespannt auf deren Antwort. Doch die fiel mager aus: »Nein. Da müssen wir unsere Teilnehmer schützen. Wir verraten hier keine Schwächen.« – »Das verstehe ich, aber ich möchte ja nur wissen, wo

Sie die Stärken meiner Mitarbeiter sehen, damit ich sie entsprechend fördern kann.« – »Nein. Das machen wir generell nicht.«

Ich schaute verdutzt von einem zum anderen und konnte gar nicht verstehen, warum sie nicht antworteten. Bis ich die leichte Verunsicherung wahrnahm und mir klar wurde, dass sie sich im Vorfeld zwar unglaublich viele Gedanken darüber gemacht hatten, wie sie ihr Training wertschätzend gestalten könnten, aber dabei komplett den Menschen vergessen haben. So viele Gedanken, so viel Vorbereitung und doch das Ziel – Wertschätzung als oberstes Ziel zu behalten – verpasst. Ich sprang in die Bresche, holte die Liste mit den Fotos und Namen hervor und habe über jeden der 50 Teilnehmer etwas Positives äußern können. Hinterher schauten mich meine zwei Co-Trainer an und fragten mich erstaunt, wie ich das gemacht hätte. Ganz einfach. Weniger Regeln, mehr Mensch. Weniger Theorie, mehr Praxis.

ICH BIN WIE DU, OBWOHL ICH NICHT BIN WIE DU

Bleiben wir bei der Wertschätzung: Wofür nutzen verantwortungsvolle NLP-Trainer das Pacing und Leading? Um so schnell wie möglich dafür zu sorgen, dass ihr Gegenüber sich wohlfühlt. Damit ein gegenseitiges Öffnen und Miteinanderarbeiten überhaupt erst möglich ist. Natürlich wird die Körpersprache dabei auch mal gespiegelt, aber ganz subtil und zeitversetzt. Auch die Mimik wird leicht gespiegelt. Dann wird darauf geachtet, mit welchen Sinnen der Kunde bevorzugt wahrnimmt. Das hören sie daran, welche Worte er benutzt. Sagt er »Ich sehe schon, dass meine Kollegen sich darüber aufregen werden« oder »Ich höre schon die abfälligen Reaktionen meiner Kollegen«? Von den Worten »sehen« (visuell) und »hören« (auditiv) wird abgeleitet, welchen Sinneskanal er bevorzugt, und dann wird dieser Kanal auch hauptsächlich angesprochen. Auch die Augenbewegungen werden analysiert, wie ich schon im zweiten Kapitel erwähnt habe, und zu guter Letzt werden die Stimme und auch die Atmung gespiegelt. Dabei stellen sich die meisten NLP-Trainer seitlich zum Gesprächspartner hin, weil sie dann an der Halsschlagader ganz einfach die Atmung erkennen, indem sie seitlich den Brustkorb beobachten. Das geht viel leichter und wertschätzender, als mir frontal gegenüberzusitzen und nur auf meinen Brustansatz zu starren.

Mit diesen ganzen Erklärungen möchte ich sagen, dass die Techniken von NLP fabelhaft sind und wirklich etwas verändern können, aber sie sind eben nichts für Anfänger. Nichts für einen Wochenendkurs. Nichts für jemanden, der gerade mal ein NLP-Buch quergelesen hat. Denn um die Werkzeuge wertschätzend einsetzen zu können, braucht es sehr viel Übung mit einem erfahrenen NLP-Trainer. Wenn ich in diesem Buch also manchmal gegen eine Regel wettere, die aus dem NLP kommt, dann geht es nicht darum, diese Technik schlechtzumachen. Es geht mir um diejenigen, die gute Regeln ungünstig anwenden. Und es geht um Regeln, die von der Grundidee her gut sind, aber durch häufiges Weitererzählen und Weiterentwickeln keinen Sinn mehr ergeben. Ähnlich wie bei der Stillen Post. Am Anfang war es ein logischer Satz, und am Ende lachen sich alle schlapp.

Ich bin für diese ganzen Techniken viel zu faul und hätte keine Lust, sie zu üben. Deswegen bin ich stets auf der Suche nach einem einfachen Weg. Mich faszinieren leichte Kommunikationswerkzeuge, die jeder sofort anwenden kann, ohne Schaden anzurichten. Beim Thema Pacing und Leading erzähle ich gerne, dass wir das alle im Ansatz schon können und bewusst anwenden. Kleines Beispiel: Wenn Sie einen großartigen Tag haben und bis über beide Wangen strahlen, weil Sie gerade erfolgreich ein Projekt abgeschlossen haben, dann wird Ihnen trotzdem alles aus dem Gesicht fallen, wenn eine gute Freundin anruft und sagt, dass ihr Vater gestorben ist. In solchen Momenten denken Sie noch nicht einmal ansatzweise über Kommunikationstechniken nach. Ihr Körper wird schlaffer werden, das Lächeln weicht und Sie werden anfangen, etwas schwerer zu atmen. Sie werden vom Hochstatus wahrscheinlich eher in den Tiefstatus gehen. Jetzt spielt Status eine Nebenrolle, weil Ihre gute Freundin gerade ihren Vater verloren hat.

Wenn wir jemanden mögen und sympathisch finden, dann fangen wir automatisch an, diesen zu spiegeln. Wir spiegeln unsere Freunde, wir spiegeln unsere Lebenspartner und auch unsere Kollegen. Allerdings immer nur solange wir uns gut verstehen. Schauen Sie sich Ehepaare an. Selbst wenn sie sehr gegensätzlich sind, solange die Liebe in voller Pracht blüht, werden sie sich spiegeln. Sie werden ähnliche Worte benutzen, sie werden sich von der Körpersprache leicht anpassen und auch vom Stimmklang. Wenn es allerdings mehr eine Zweck-WG ist, weil es eben kostengünstiger ist zusammenzubleiben, dann hört das auf. Und das berühmte: »Wir haben uns auseinandergelebt« beginnt. Wobei das Pacing auch schon automatisch aufhört, wenn Sie mit Ihrer besten Freundin einen Streit haben.

Das bedeutet, dass Sie das Pacing wunderbar hinbekommen bei Menschen, die Ihnen sympathisch sind. Und wenn diese Sympathie auf Gegenseitigkeit beruht, dann wird auch das Leading gelingen. Es ist doch meistens unser Ziel, dass wir jemanden weniger traurig zurücklassen, wenn wir den Telefonhörer auflegen oder das Treffen beenden. Wir möchten, dass es den Menschen, die wir mögen, gutgeht, und werden alles dran setzen, um dieses Ziel schnell zu erreichen. Das ist Pacing und Leading. In einer sehr einfachen, unbewussten Form. Und noch einfacher heruntergebrochen habe ich mal zu einer Gruppe von angehenden Führungskräften gesagt, dass es fast automatisch funktioniert, wenn sie ein ehrliches Interesse am Gegenüber haben. Einige griffen zum Stift und schrieben auf: »Ehrliches Interesse haben«. Danach habe ich erklärt, dass dies natürlich besonders wichtig sei bei den Mitarbeitern, die sie nicht so sympathisch finden. Eine Führungskraft vollendete dann spaßeshalber den Satz mit den Worten »... auch am Feind«.

WIE GEHT'S IHNEN?

Mit ehrlichem Interesse kommen Sie in der Kommunikation schon sehr weit. Ich habe auf dieser These mal vor einer Vorstandsrunde in Berlin herumgekaut, und nach meinem Vortrag kam ein Herr auf mich zu und meinte: »Wissen Sie was? Ich fand das Thema am Anfang nicht spannend. Aber als Sie das mit dem Interesse gesagt haben, da habe ich mir einfach mal vorgenommen, die Inhalte interessant zu finden … und fand den restlichen Vortrag super.« Sie mögen jetzt schmunzeln, aber genauso funktioniert es. Nehmen Sie sich aktiv vor, Interesse zu haben. Natürlich ist dies nicht einfach, wenn Sie innerlich den Menschen oder seine Ansichten nicht mögen, doch gute Gespräche funktionieren auf Augenhöhe. Selbst aus der oft so dahingesagten Frage »Wie geht's Ihnen?« kann bei ehrlichem Interesse der Beginn eines wirklich guten Gespräches werden. Wenn Sie innerlich auf den anderen herabschauen, wenn er Ihnen egal ist und Sie es nicht kümmert, was er antwortet, dann wird das ganz sicher kein gutes Gespräch. Mit dem ehrlichen Interesse kommen Sie wieder auf Augenhöhe. Sie können es auch Neugierde nennen, falls Sie mit dem Wort »Interesse« ein Problem haben. Seien Sie neugierig auf die andere Meinung Ihres Gegenübers. Wie kommt er auf diese Meinung? Wieso verteidigt er sie so vehement? Gehen Sie nicht in die Ablehnung, sondern in die Neugierde. Spielen Sie ein kleines, neugieriges Kind, das sich auf einem Abenteuerspielplatz befindet. Ihr Gegenüber spielt vielleicht den bösen Piraten, und Sie finden heraus, warum er diese Rolle spielt.

Neugierde und Interesse schlagen eine Brücke. Das kann dazu führen, dass Sie unbewusst Ihren Gesprächspartner spiegeln. Die Frage ist, wie Sie das bei jemandem schaffen können, den Sie ganz doof finden. Da gibt es einen schönen Tipp von Leo Martin.[1] Er hat früher als Geheimagent gearbeitet und weiß, wie wichtig es ist, auf gleiche Augenhöhe zu kommen, bevor er Menschen für sich und seine Meinung gewinnen kann. Um das hinzubekommen, sucht er intensiv nach einer Eigenschaft, die er ehrlich an seinem Gegenüber wertschätzen kann. Selbst wenn es nur eine Kleinigkeit ist. Irgendetwas Gutes hat fast jeder Mensch an sich, auch wenn er sich Ihnen gegenüber immer fies verhält. Schauen Sie genau hin, und spielen Sie Detektiv: Was können Sie an Ihrem Gegenüber ehrlich wertschätzen? Wenn Ihnen etwas einfällt, dann denken Sie bitte an diese eine Sache, bevor Sie anfangen, mit ihm zu reden. Sie brauchen es nicht auszusprechen, es reicht, wenn Sie eine Tatsache im Kopf haben, wegen der Sie ihn ehrlich wertschätzen können. Selbst wenn es nicht sofort klappt, Sie das positive Gefühl nur kurz halten können und somit weder das Spiegeln noch das Herstellen einer guten Beziehungsebene funktioniert, so ist das schon mal wertschätzender, als wenn Sie Ihrem Gegenüber sinnentleert bei der Körpersprache hinterherhecheln. Im besten Fall bemerkt Ihr Gegenüber: »Oh, der tritt mir ja ganz anders entgegen.« Und er hat so auch die Chance, aus diesem verhärteten Miteinander herauszutreten. Er hat ja auch gerade erst etwas an Ihnen gefunden, was er wertschätzen kann.

Einmal habe ich einen jungen Trainer erlebt, der mit einer Frauengruppe gearbeitet hat. Eine 45-jährige Dame war sehr schüchtern und traute sich nicht an die leichte Übung heran, die sie machen sollte. Nun stand der junge Trainer vor ihr und machte offiziell alles richtig: hüftbreiter Stand, aufrechte Haltung, direkter Blickkontakt, tiefe Stimme, hypnotische Sprachmuster, ruhige Atmung, und er benutzte sogar Wörter, die in dieser Gruppe nur die 45-Jährige verwendete. Doch es half nichts. Sie traute sich nicht. Und für mich war klar, woran es lag: Er hatte keinerlei Interesse an ihr. Er wollte nur, dass die Übung funktioniert, und hat all seine Techniken an ihr ausprobiert, doch sie spürte das Desinteresse als Subtext darunter.

Überlassen Sie das Pacing und Leading den Profis und konzentrieren Sie sich lieber auf eine gute innere Einstellung. Das tut niemandem weh, wenn es nicht funktioniert. Und wenn es doch klappen sollte, ist es umso besser. Ich würde Sie allein schon dafür feiern, dass Sie sich ernsthaft überlegen, was Sie an einem Menschen ehrlich wertschätzen, den Sie gar nicht leiden können.

#BESSERSPRECHERTIPPS

1. Haben Sie ein ehrliches Interesse an Ihrem Gegenüber. Falls es Ihnen schwerfällt, dann fragen Sie sich, welche Eigenschaft Sie an Ihrem Gesprächspartner ehrlich wertschätzen können. Wenn Sie daran denken, kommen Sie fast automatisch auf Augenhöhe.

2. Seien Sie neugierig. Tun Sie so, als ob Sie ein Kind im Spielzeugparadies wären. Bewerten Sie nicht sofort alles als gut oder böse, sondern stellen Sie staunend die Andersartigkeit fest. Auch damit bleiben Sie eher auf Augenhöhe.

3. Überlassen Sie das bewusste Pacing und Leading den NLP-Profis.

---

1 »Ich krieg dich – Menschen für sich gewinnen« von Leo Martin, Heyne Verlag, 2015

6

#negationenvermeiden

MYTHOS

Verwenden Sie keine Negationen, weil Ihr Gehirn die nicht verstehen kann.

Warum ein Feedback-Burger nicht immer schmackhaft ist, woran Sie erkennen, ob eine bildhafte Sprache funktioniert, und wie Sie verbal leichter ans Ziel kommen.

»IRGENDWIE KRATZT MEIN HALS. Ich hoffe, ich werde nicht krank.« – »NEIN!!! Jetzt hast du es gesagt!« Ich bin 24, stehe im Haus meiner Eltern, und vor mir steht entsetzt meine Mutter. Schon vor einigen Wochen hat sie mir erklärt, dass unser Gehirn keine Negationen verstehen könne, und ich habe es mal wieder nicht umgesetzt. Durch fast alle Medien geisterte damals die Aussage, dass unser Gehirn zu blöd sei, ein »kein« und »nicht« zu verstehen. Deswegen sollten wir diese Wörter dringend vermeiden und aus unserem Wortschatz streichen. Laut dieser Theorie hört unser Gehirn nur: »Ich hoffe, ich werde (piiiiep) krank.«

Und dann passiert es. Ich werde krank. Und alle Anhänger von Negationsvermeidungen denken sich still und heimlich: »Kein Wunder. Selbst schuld!« Ich muss gerade grinsen, wenn ich mich daran erinnere, wie ich krampfhaft versucht habe, mir diese Negationen abzugewöhnen. Wie Sie an den ersten Kapiteln schon gemerkt haben, ist es mir nicht gelungen. Ich habe mir aber irgendwann auch keine Mühe mehr gegeben, als ich anfing zu begreifen, dass diese Aussage Blödsinn ist. Vor allem bei meiner Ausbildung zur Hypnotiseurin wurde klar, dass unser Gehirn natürlich in der Lage ist, eine Negation zu verstehen.

Dann ploppt aber die Frage hoch, warum ich tatsächlich krank wurde, nachdem ich meiner Mutter von der Hoffnung erzählte, nicht krank zu werden. Oder warum ein Kind den Teller mit größerer Wahrscheinlichkeit fallen lässt, wenn Sie sagen: »Bitte lass den Teller nicht fallen.« Die Antwort habe ich

Ihnen im Prinzip schon im Kapitel 3 (#gehen) gegeben: Unser Gehirn liebt Bilder. Bei einem Satz stürzt sich das Gehirn zuerst aufs Bild und schaut sich danach neugierig um – nach dem Motto: »Und was steht hier sonst noch so Feines? Oh, eine Negation! Zu spät!« Denn das Bild wurde schon entwickelt. Der Körper hat schon darauf reagiert. Im Fall der Krankheit entstehen Bilder wie »Husten« und »Schnupfen«. Der ganze Fokus ist darauf ausgerichtet, und das löst Stress aus. Was wiederum Cortisol und Adrenalin produziert, was unser Immunsystem schwächt, und die Wahrscheinlichkeit, krank zu werden, steigt enorm. Im Fall des Tellers ist dieser dann schon gefallen. Auch wenn das Kind dann Bruchteile später versteht, dass genau das ja eben nicht passieren sollte.

Stellen Sie sich vor, dass Sie an einem großen Büfett stehen. Sie entdecken schnell Ihre Lieblingsleckereien, auf die Sie sich sofort stürzen. Vielleicht ist es die Mousse au Chocolat? Oder es ist die Käsevielfalt mit den Weintrauben? Oder die Hochzeitssuppe mit dem frisch gebackenen Brot? Erst wenn Sie dies glücklich an Ihrem Platz verspeist haben, gehen Sie erneut hin und schauen, was es darüber hinaus noch Leckeres gibt. So in der Art läuft es mit dem Gehirn und den Bildern. Deswegen funktioniert auch der Satz so zuverlässig: »Stellen Sie sich bitte jetzt KEINEN weißen Elefanten mit rosa Gummistiefeln vor.« Woran denken Sie? Klar. An den weißen Elefanten mit rosa Gummistiefeln. Dieses Bild wurde sofort als Lieblingsleckerbissen verspeist. Und danach entdeckt Ihr Gehirn die Negation auf dem Büfett und streicht den Elefanten durch, radiert ihn weg oder schiebt ihn aus dem Bild raus. Doch die ersten Verdauungssäfte wurden schon gestartet, die Emotion ist da und bleibt im Körper erst einmal haften, auch wenn der Verstand das Bild des Elefanten danach mit aller Macht vernichtet.

Dies bedeutet, dass wir durchaus in der Lage sind, Negationen zu verstehen, es aber viel sinnvoller ist, sich auf die Worte zu konzentrieren. Welches Bild darf mein Gegenüber entwickeln? Welche Emotionen wünsche ich mir bei meinem Gesprächspartner? Das erinnert mich an einen Personal Trainer, der mir vor einigen Jahren dabei helfen sollte abzunehmen. Er feuerte mich beim Sport mit folgenden Worten an: »Los, Isabel. Noch eine Runde, dann wirst du den Schwabbel los.« Oder auch »Na komm, Isabel. Noch eine Minute, dann bekommst du das Fett weg.« Die gute Nachricht ist, dass er keine Negationen verwendet hat. Die schlechte, dass ich mit den Bildern »Schwabbel« und »Fett« nach Hause ging. Und das löst definitiv keine positiven Gefühle in mir aus. Der Schokoladenrückfall ist dann viel wahrscheinlicher, als wenn ich mit motivierenden Bildern nach Hause schlendere. Zum Beispiel indem er gesagt hätte: »Los, Isabel, die Jeans eine Nummer kleiner ist in greifbarer Nähe.«

Wenn wir schon bei dem Thema Bilder sind: Prüfen Sie, ob Ihre gewählten Wörter wirklich Bilder sind. Entsteht sofort ein Bild im Kopf, das eine Emotion auslöst? Beliebte Wörter, die keine Bilder auslösen, sind: Innovation, Nachhaltigkeit und Wertschätzung. Sprechen Sie laut das Wort »Wertschätzung« aus, und spüren Sie in sich hinein, ob da ein Bild entsteht. Wahrscheinlich nicht. Denn um dieses Wort mit emotionsanregenden Bildern zu füttern, brauche ich Zeit. Ich überlege mir dann, wann jemand wertschätzend zu mir war, und stelle mir genau diese Situation vor. Oder ich überlege, wie schön das Arbeitsklima in meinem Unternehmen wäre, wenn alle wertschätzend miteinander umgingen. Doch auch dafür braucht mein Gehirn Zeit, um ein Szenario zu entwickeln, das meinen Vorstellungen von Wertschätzung entspricht. Diese inneren Bilder, die auf Innovation, Nachhaltigkeit und Wertschätzung folgen, werden Ihnen nicht geschenkt. Wenn Sie diese bildlosen Wörter in einem Zusammenhang mit vielen funktionierenden Bildern verwenden, dann ist das völlig okay. Denn jeder versteht, was Sie mit nachhaltig, wertschätzend und innovativ ausdrücken möchten. Als Beschreibung sind sie gut, aber ein Bild erzeugen sie eben nicht. Daher sollten diese Wörter nicht für sich allein stehen.

Und dennoch finde ich immer wieder diese drei Wörter für sich stehend – und viele andere leere Worthülsen – in Werbetexten für Unternehmensphilosophien. Entweder wollen sie keine Bilder und somit Emotionen beim potenziellen Kunden erreichen, oder ihnen hat noch keiner gesagt, dass dies keine Bilder sind.

Besonders beliebt ist ja heutzutage Innovation. Doch – ich wiederhole mich – es löst kein Bild aus. Ich muss erst überlegen, was für mich persönlich Innovation bedeutet, und erst wenn ich diese Entscheidung getroffen habe, entsteht eine Emotion, und ich fühle mich eventuell diesem Unternehmen verbunden. Die Betonung liegt auf: eventuell. Falls Sie solche Bild-Wort-Hülsen in Ihre Präsentation, in Ihr Kritik- oder Feedbackgespräch oder bei den Verhandlungen mit dem Kunden für sich allein stehend einbauen, dann verlieren Sie immer mal wieder die Aufmerksamkeit Ihres Gegenübers. Denn der darf sich nun erst einmal seine eigene Bildwelt zusammenstellen, um dieses Wort überhaupt begreifen zu können. Und falls er das nicht macht, dann wird er es sich nicht merken. Bei beiden Möglichkeiten haben Sie als Redner – zumindest für einen kurzen Moment – verloren.

Bleiben wir bei dem Ausflug in die Bilderwelt, denn ein Punkt ist dabei noch sehr wichtig: Vermeiden Sie Regalüberschriften.[1] Das sind die Begriffe, die im Supermarkt über einem Regal stehen: Milchprodukte, Reinigungsmittel, Tiernahrung. Die Regalüberschrift an sich erzeugt kein Bild, sondern erst die Produkte, die in diesem entsprechenden Regal stehen. Somit sind auch Obst, Haustier oder Seminare keine hilfreichen Bilder. Allein bei dem Wort Obst entsteht kein Bild. Erst wenn ich mich innerlich für den Obstkorb, die saftigen Kirschen oder eine aufgeschnittene Wassermelone entschieden habe. Auch dieses Bild wird also erst nach einigen Stolpersteinen und persönlichen Denkprozessen entwickelt. Beim Haustier überlege ich auch erst, ob ich mir nun das Meerschweinchen vorstellen will oder den Wellensittich oder den Hund. Selbst bei dem

Wort »Hund« hat jeder sein eigenes Bild, doch hier geht das Entwickeln ganz schnell. Wer einen eigenen Hund hat, denkt sofort an den. Wer Angst vor Hunden hat, denkt sofort an einen großen Hund mit fletschenden Zähnen. Wer Hunde langweilig findet, stellt sich gar keinen Hund vor.

Natürlich könnten Sie es noch weiter herunterbrechen und vom Schäferhund, Dalmatiner oder Jack Russel Terrier sprechen. Je konkreter das Bild ist, desto schneller poppt es bei Ihrem Gegenüber auf und sorgt für entsprechende Emotionen. Wobei ich lieber den Mittelweg wähle. Ich rede weder vom Haustier noch vom Schäferhund, sondern nur vom Hund. Warum? Weil ich die Wahrscheinlichkeit erhöhen möchte, dass meine Zuhörer ein positives Bild haben. Wenn ich den Schäferhund erwähne, dann werden sich viele nicht angesprochen fühlen, weil sie die Rasse nicht mögen oder der eigene Hund ein Border Terrier ist. Wenn ich aber nur von Hund spreche, dann wählt jeder den Hund, an den er denken möchte.

WENN SCHON SCHLECHTE BEISPIELE, DANN BITTE GUTE

Nun zurück zu den Negationen. Nutzen Sie die ruhig, aber wählen Sie Bilder, die zu Ihrem Ziel führen. Wenn mein Zahnarzt mir eine Betäubung spritzt, dann sagt er gerne: »Frau García, jetzt nicht schlucken. Das ist bitter.« Stimmt. War bitter. Denn natürlich habe ich es sofort heruntergeschluckt, weil das Bild »schlucken« war. Es ist total schwer, ein Bild vor die Nase gehalten zu bekommen, ohne es entwickeln zu dürfen. Vielleicht schaffen Sie dies bei Ihrem Zahnarzt in einer ähnlichen Situation. Doch dann kostet es bestimmt sehr viel Kraft und mentale Stärke, um sich gegen den Schluckreflex zu wehren. Wer schon mal in einem meiner Vorträge war, der weiß, dass ich meistens irgendwann vom Räuspern rede und wie schädlich es ist und dass wir es nicht tun sollten. Und während ich dies in aller Ausführlichkeit erzähle, spüren die meisten meiner Zuhörer den dringenden Wunsch, nun endlich räuspern zu dürfen, weil der Kloß im Hals übermächtig wird. Vorher war er nicht da, aber dank meiner bildhaften Sprache wurde er immer größer, und meine Zuhörer werden unruhig, weil sie überlegen, was sie dagegen tun können. Ich nutze das gerne, um zu beweisen, wie gut Bilder funktionieren, löse es aber schnell auf, indem ich dann verrate, dass trinken und husten besser helfen. Mit dem neuen bildhaften Lösungsvorschlag ist die Gefahr gebannt.

Sprechen Sie doch bitte das aus, was Ihrem Gegenüber hilft. Mein Zahnarzt könnte zum Beispiel sagen: »Frau García, das ist bitter. Behalten Sie es im Mund.« Dann geht es einfach. Dem Kind können wir sagen: »Trag den Teller in die Küche.« Und falls Sie mal ein positives Bild haben, dann können Sie natürlich auch eine Negation davor packen. Sie können sagen: »Noch bin ich nicht gut gelaunt.« Eine nette Umschreibung dafür, dass ich gerade schlecht gelaunt oder neutral gelaunt bin. Doch welches Bild wird entwickelt? Gut gelaunt. Mein Gegenüber versteht im zweiten Schritt, dass ich dies gerade nicht bin, aber die Emotion bleibt erst einmal haften.

Bei deutschen Führungskräften fällt mir immer mal wieder auf, dass sie sich bei ihrem Team auf ein fehlerfreies Arbeiten konzentrieren. Sie gehen durch die Abteilungen und halten nach »Fehlern« Ausschau. Was werden sie dadurch finden? Fehler. Was werden sie ansprechen? Die Fehler. Was werden ihre Mitarbeiter dadurch ständig im Kopf haben? Fehler. Was wird ihnen dadurch leichter passieren? Ein Fehler. Und damit schließt sich der Teufelskreis. Ich will damit nicht sagen, dass Sie Fehler und Pannen komplett ignorieren und nie wieder ansprechen sollen. Doch vielleicht wäre es schlauer, sich morgens vorzunehmen, dass Sie jeden Mitarbeiter oder Kollegen mindestens einmal loben möchten. Dann werden Sie nämlich nach Aktionen Ausschau halten, die lobenswert sind. Und wenn Sie etwas gefunden haben, dann wird der Mitarbeiter sich hoffentlich freuen und noch motivierter weiterarbeiten. Dies könnte dazu führen, dass ihm weniger Fehler passieren. Das Ziel ist dasselbe, doch die Art, es zu erreichen, eine andere. Apropos anders: In Deutschland ist die erste Frage nach einem beliebigen Fehler: »Wer ist schuld?«. In Skandinavien fragt man nicht zuerst nach der Schuld. Dort lautet die erste Frage, die gestellt wird, wenn etwas nicht gut gelaufen ist: »Wie können wir es besser machen?« Wäre das nicht besser für alle? Generell also: Sprechen Sie aus, was Sie haben möchten, anstatt zu betonen, was Sie nicht haben möchten.

Sagen Sie auch zu Hause zu Ihrem Mann oder Ihrer Frau lieber »Ich möchte, dass wir beide heute ins Kino gehen« und nicht »Ich will, dass du nicht in die Kneipe gehst«. Es ist durchaus schlau, sich vor einem wichtigen Gespräch Gedanken darüber zu machen, was Sie erreichen möchten. Wir wissen häufig schnell, was wir nicht mehr wollen, aber können nicht sofort in Worte fassen, was wir stattdessen haben möchten. Auch ich tappe immer mal wieder in diese Falle. Bei diesem Buch hier hat mir ein lieber Freund geholfen, indem er meine Kapitel gegengelesen hat. Er hat mich auf Unstimmigkeiten hingewiesen und mir verraten, wo meine Formulierungen noch nicht optimal sind. Das war viel Arbeit, und mein schlechtes Gewissen pochte heftig. Daher habe ich ihm manchmal geschrieben: »Du, ich habe noch ein Kapitel. Geht das noch? Ich will nicht nerven.« Natürlich in der Hoffnung, dass er sagt: »Nein, du nervst doch nicht. Schick rüber.« Warum habe ich nicht einfach geschrieben: »Bitte lies dieses Kapitel auch noch durch. Ich bin dir sehr dankbar.« Wünsche äußern. Ziele klar ansprechen.

Vor allem seit meiner Ausbildung zur Hypnotiseurin achte ich bewusster auf Worte. Denn das Unbewusste entwickelt Bilder wie ein kleines Kind. Wenn Sie der Kleinen sagen: »Du willst mir doch einen Bären aufbinden«, dann schaut sie erstaunt. Denn sie wüsste gar nicht, wo sie den Bären herbekommen sollte, um ihn dann auf Ihren Rücken zu binden. Und sobald Sie erwähnen, dass Tante Erna etwas unter den Teppich gekehrt hat, dann hebt der Sohn den Wohnzimmerteppich an und berichtet: »Hier ist es nicht.« Genauso reagiert auch das Unbewusste. Bei meiner Hypnoseausbildung hat mein Lehrer Jan von Berg folgendes Beispiel erzählt: In einem seiner Kurse wurde ein Mann hypnotisiert, der gerne Motorrad fährt. Ein anderer Teilnehmer versetzte ihn in eine tiefe Trance und sprach dann von einer Fahrt mit dem Motorrad, benutzte aber die Worte: »Du sitzt auf einem heißen Ofen.« Der Mann sprang daraufhin entsetzt vom Stuhl herunter, weil er dachte, dass er wortwörtlich auf einem heißen Ofen saß.

Als sich die Kommunikationsszene der Wichtigkeit der positiven Wörter bewusst wurde, entstanden die nächsten Absurditäten. Zum Beispiel der Feedback-Burger.[11] Der ist für negatives Feedback gedacht. Der Burger in der Mitte steht für die negativen Punkte, die Sie ansprechen möchten. Und damit Sie sich an dem heißen Burger nicht die Finger verbrennen, wird er oben und unten mit Brötchenhälften ummantelt. Das Brötchen steht für positive Worte. Bei dieser Theorie würden Sie also mit einem Kompliment anfangen, dann zum eigentlichen negativen Kern des Gesprächs kommen, um das Gespräch mit einem Kompliment und somit positiven Bildern abzurunden. Positiv, negativ, positiv. Ganz einfach. In der Theorie komplett richtig. Ich möchte auch, dass sich Menschen nach einem Gespräch mit mir wohlfühlen.

Doch ohne Empathie und Wertschätzung entstehen dann Gesprächssituationen, wo einer Mitarbeiterin mal kurz gesagt wird, dass die Pünktlichkeit lobenswert sei, um dann zahlreiche Punkte anzusprechen, die als sehr schlimm und negativ gesehen werden, um den Feedback-Burger dann abschließend noch einmal mit einem herzlosen Kompliment zu vervollständigen.

Wie schon in Kapitel 5 (#pacingundleading) erwähnt, ist es schlau, wenn das ehrliche Interesse vor der Regel steht. Ohne

Interesse wirken die Regeln häufig schal. Und ich erlebe leider in der Praxis viele Feedbackgespräche, bei denen sich mir emotional der Magen umdreht, weil zwar der Feedback-Burger eingehalten wurde, aber die Wertschätzung flöten ging. Und apropos Wertschätzung: Ich möchte nicht unerwähnt lassen, dass es auch einen detaillierteren Feedback-Burger gibt, bei dem es nicht nur um Lob, Kritik und Lob geht, sondern der Fokus auf der eigenen Wahrnehmung liegt, auf dem möglichen Ziel für mein Gegenüber und darauf, was ich mir beim nächsten Mal wünschen würde. Über diesen Feedback-Burger mache ich mich hier nicht lustig, sondern mal wieder über das zu starke Vereinfachen von komplexen Zusammenhängen, die oft keine guten Ergebnisse mehr erzielen.

Wenn ich in Seminaren Feedback gebe, dann konzentriere ich mich darauf, dass ich an meinem Gegenüber wirklich ehrliches Interesse habe. Und ich überlege mir auch, was mein Gegenüber braucht, damit er seine Ziele erreicht. Habe ich einen unsicheren Menschen, dann erwähne ich vielleicht gar nichts Negatives, sondern feiere ihn für die vorhandenen positiven Punkte, um erst einmal auf das Konto Selbstvertrauen einzuzahlen. Oder ich mache nur kleine Verbesserungsvorschläge, betone aber weiterhin überschwänglich das Positive. Denn was bringt es, ihn niederzumachen? Ist ein Gegenüber, das all seine kleinen Unzulänglichkeiten aufgezählt bekommt, ein besseres Gegenüber? Glauben Sie wirklich, man ändere sich schlagartig? »Danke. Jetzt weiß ich endlich, was falsch ist an mir. Jetzt kann ich ein neuerer und besserer Mensch werden.« Das funktioniert so nicht. Und ganz sicher nicht bei unsicheren Menschen. Falls ich allerdings einen Menschen vor mir stehen habe, der vor Selbstvertrauen strotzt und mein ehrliches Feedback wünscht, dann kann es sogar sein, dass ich hauptsächlich Verbesserungsvorschläge mache. Damit ist er dann komplett glücklich. Auch hier gilt wieder, dass Sie aufmerksam hinschauen und nicht eine – an sich gute – Regel sinnlos abspulen.

SAG JA ZU NEIN. ODER DOCH JA ZU JA?

Damit sind wir wieder bei der vermeintlichen Regel, dass man Negationen vermeiden sollte. Ist diese Regel nun kompletter Blödsinn? Nein. In der Tat kam bei zwei Studien[III+IV] heraus, dass unser Gehirn länger braucht, um eine Negation zu verstehen. Logisch. Erst sehen Sie den weißen Elefanten mit den rosa Gummistiefeln, und dann müssen Sie den bewusst durchstreichen. Es gibt ihn ja gar nicht. Bei den Studien kam aber auch klar heraus, dass unser Gehirn natürlich Negationen verstehen kann.

Daher begreife ich nicht, wie sich dieser Mythos so lange halten konnte. Vor einigen Jahren stand ich auf der Bühne und im Publikum saß ein Kollege mit seinem gesamten Team. Ab und an machen sie gemeinsam Fortbildungen und besprechen hinterher, was sie davon umsetzen wollen und was sie nicht so gut fanden. Da wir befreundet sind, hat er mir hinterher das Ergebnis mitgeteilt. Bei den negativen Punkten kam unter anderem, dass ich ja Negationen verwendet hätte. Ja, und? Es war nicht so, dass seine Mitarbeiter meine Inhalte nicht verstanden hätten. Es ging ihnen vielmehr um die Tatsache, dass sie gelernt hätten, dass man Negationen nicht verwenden soll, und ich dies als Kommunikationsexpertin dann doch vorzuleben habe. Das würde ich ja glatt machen, wenn ich die Regel als sinnvoll erachten würde. Tue ich aber nicht. Was ich vorlebe: Ich nutze eine bildhafte Sprache und überlege mir genau, welche Bilder und Emotionen ich meinen Zuhörern anbiete.

#BESSERSPRECHERTIPPS

1. Achten Sie darauf, welche Wörter Sie benutzen. Zahlen die auf Ihr Ziel ein? Sind sie motivierend? Oder machen sie Angst? Sind sie liebevoll? Um das festzustellen, können Sie einfach mal mit einem Diktiergerät ein Telefonat aufzeichnen. Natürlich nur Ihren Part. Denn die Worte Ihres Gegenübers interessieren in diesem Fall nicht. Was für Bilder haben Sie genutzt?

2. Kontrollieren Sie, ob ein Bild auch wirklich ein Bild ist. Sprechen Sie die vermeintlichen Bilder laut aus, und horchen Sie in sich, ob schlagartig ein Bild inklusive Emotion entsteht oder nicht. Innovation ist zum Beispiel kein Bild. Das ist eine leere Worthülse, die ich erst mit Bildern füllen muss, um daraus eine Emotion zu kreieren. Obst ist auch kein Bild. Denn nun bin ich wieder als Zuhörer gefragt und darf mich zwischen einem Obstkorb, einer Bananenstaude oder Weintrauben entscheiden. Ich sorge dann als Zuhörer für das passende Bild, bevor die Emotionen entstehen. Das kostet Zeit. Wenn mein Zuhörer das nicht macht, dann habe ich ihn emotional nicht erreicht. Macht es mein Zuhörer, dann verpasst er wahrscheinlich meinen nächsten Satz, weil er nicht gleichzeitig über den einen Satz nachdenken und schon dem nächsten lauschen kann. Und drittens essen Sie mehr frische, knallrote Erdbeeren, deren Saft sich wunderbar ergänzt mit noch dampfender, warmer Vanillesoße.

3. Sprechen Sie das aus, was Sie erreichen möchten. Sie können Ihren Kollegen sagen: »Ich möchte, dass Sie zum Meeting pünktlich kommen.« Und »Bitte schließen Sie das Projekt so schnell wie möglich ab.« Aber

sagen Sie nicht: »Bitte machen Sie keine Fehler mehr.« Dies gleicht einer selbsterfüllenden Prophezeiung, denn nun ist das Bild »Fehler« in den Köpfen der anderen und wird entwickelt.

4 Wenn Sie mit ehrlichem Interesse und auf Augenhöhe mit anderen kommunizieren, dann werden Sie fast automatisch eine Art Feedback-Burger servieren. Konzentrieren Sie sich also lieber auf die innere mentale Einstellung und weniger auf die Regel.

5 Wenn Sie eine Frage mit einer Negation stellen, dann lassen Sie Ihrem Gesprächspartner mehr Zeit für die Antwort. Bei Negationen brauchen wir etwas länger, um sie zu verarbeiten, zu verstehen und darauf zu antworten.

I »Klardeutsch« von Markus Reiter, Carl Hanser Verlag, 2010

II »Richtiges Feedback geben – Der Feedback-Burger«, Internetartikel von Andrea Windolph, »Projekte leicht gemacht«, 03.04.2014, Link: https://projekte-leicht-gemacht.de/blog/pm-methoden-erklaert/richtig-feedback-geben-der-feedback-burger/

III »When the truth isn't too hard to handle: An event-related potential study on the pragmatics of negation« von Mante S. Nieuwland und Gina R. Kuperberg, National Center for Biotechnology Information, 2008, Link: https://www.ncbi.nlm.nih.gov/pmc/articles/PMC3225068/

IV »Negative and affirmative sentences increase activation in different areas in the brain«, von Ken Ramshøj Christensen, »Journal of Neurolinguistics«, 2009, Seiten 1–17, Link: https://www.sciencedirect.com/science/article/pii/S091160440800047X

7

#tiefestimme

MYTHOS

Bass bevorzugt. Mit einer tiefen Bassstimme sind Sie erfolgreicher.[1]

Warum das Gehör so wichtig für die Stimme ist, wie jeder an eine erfolgreiche Stimme herankommt, und was das Ganze mit Entspannung zu tun hat.

KENNEN SIE NOCH Brigitte Mira? Die großartige, kleine, rothaarige Schauspielerin? Ich habe mal in einer Dokumentation gehört, dass sie bei ihrem ersten Film synchronisiert wurde, weil ihre Stimme für die damalige Mode zu dunkel klang. Leider habe ich dazu keinen offiziellen Hinweis gefunden, aber es könnte durchaus so gewesen sein. Denn eine hohe, zarte Stimme war nicht nur damals Mode, sondern kommt auch heute noch bei vielen Männern gut an.[11]

Und wo wir schon bei den Männern sind: Bei denen sind die tiefen Stimmen am beliebtesten. Achten Sie mal auf die männlichen Stimmen in der Radio- und Fernsehwerbung. Die meisten sind so tief, dass sie auch gut einen Weihnachtsmann mit überzeugendem »Ho, ho, ho« spielen könnten. Auch wenn Sie bei einem Tierfilm der Stimme aus dem Off bewusst zuhören, werden Sie merken, dass es meistens eine tiefe Männerstimme ist. Frauen kommen in diesen ganzen Sprecherberufen eher selten vor. Ich kenne einige Kollegen, die sich zu Hause ein kleines Tonstudio eingerichtet haben und jeden Tag entspannt ein paar Werbetexte einsprechen, Telefonanlagen von Unternehmen bespielen oder sogar die Off-Stimme eines Radiosenders sind. Sie machen dies hauptberuflich und leben wunderbar davon. Bei meinen weiblichen Kolleginnen ist es dagegen meistens nur ein kleiner Nebenverdienst, weil Frauen weniger gebucht werden. Oder kennen Sie einen Dokumentationsfilm, bei dem aus dem Off eine Frauenstimme beschreibt, wie der Löwe sich langsam seiner potenziellen Beute nähert? Wahrscheinlich nicht, und wenn doch, dann sind es eher Ausnahmefälle.

Wenn es also um Sprecherjobs geht, dann finden Sie Männer, Männer, Männer. Und Sie hören hauptsächlich die mit den tiefen Bass-Weihnachtsmannstimmen.

Männer mit tiefem Stimmklang werden häufig als überzeugend, männlich, dominant und erfolgreich eingestuft. Sowohl von Frauen, was dazu führt, dass Männer mit Bassstimmen deutlich mehr Nachwuchs haben,[III] als auch von Männern, weswegen zum Beispiel Politiker deutlich höhere Wahlchancen haben, wenn sich ihre Stimme im tiefen Kellerbereich aufhält.[IV]

Ist es so einfach? Können wir generell sagen, dass Männer aufgrund ihrer tiefen Stimme erfolgreich sind? Vielleicht ist das einer von zahlreichen Gründen, warum es so viele Männer in Führungspositionen gibt. Doch kann das wirklich an der Stimme allein liegen? Was ist, wenn ich – böse gesagt – eine Dumpfbacke mit Bassstimme vor mir habe? Wirkt der dann kompetenter als ein intelligenter Mann mit hoher Tenorstimme? Und wie kommt es, dass die Tenorstimmen auf den Opernbühnen dieser Welt so gefeiert werden und die schönsten Arien bekommen, aber im realen Leben dann als stimmliche Verlierer gelten? Erinnern Sie sich noch an die großartigen Konzerte von den drei Tenören Luciano Pavarotti, Plácido Domingo und José Carreras? Drei Tenöre. Nicht drei Bassisten. Merken Sie was? Denn kennen Sie die Konzerte von den drei Bassisten? Nö. Denn die gibt es nicht. Zumindest erlebe ich es nur in Ausnahmefällen, dass es ein Konzert ausschließlich mit Bassisten gibt. Von einem reinen Bass-Trio auf den großen Bühnen: keine Spur.

Die Bassisten bekommen auf der Bühne also seltener die Heldenrolle und haben auch darüber hinaus Seltenheitswert. Denn wenn Sie einen gemischten Chor zusammenstellen, haben Sie meistens das Problem, dass Sie nicht ausreichend tiefe Männerstimmen finden. Die Bereiche Tenor, Alt und Sopran sind rappelvoll, aber beim Bass steht dann nur eine Handvoll Männer. Das kann daran liegen, dass wahre Männer nicht singen, oder daran, dass es diese tiefen Stimmen einfach seltener gibt. Vielleicht sind wir deswegen so verzaubert, wenn wir einen Mann mit tiefer Brummstimme sprechen hören.

Doch natürlich überzeugen uns auch höhere Männerstimmen. Der ehemalige US-Präsident Barack Obama hat zum Beispiel eine Tenorstimme. Eine sehr schöne und entspannte, definitiv kein Bass. Auf Youtube gibt es ein Video, in dem mehrere Kommentatoren bei einer entscheidenden Rede von Barack Obama erklären, warum sie so erfolgreich war.[V] Weit spannender als die inhaltlichen Aspekte fand ich die Tatsache, dass die männlichen Kommentatoren in dem Video eine deutlich tiefere Stimme hatten als Obama. Und ich glaube nicht, dass sie bekannter oder erfolgreicher sind. Es geht also auch mit einer höheren Stimme.

Und das ist wichtig zu wissen, denn Sie können zwar an Ihrer Stimme arbeiten, aber Sie können nichts daran ändern, wenn die Stimme keinen Bass hergibt. Die Länge der Stimmbänder entscheidet, wie tief Sie reden können. Je länger das Stimmband, desto tiefer klingt die Stimme. Je kürzer das Stimmband, desto höher ist die Stimme. Und die Stimmbandlänge können Sie nicht verändern. Sie ist von Geburt an vorgegeben.

Nur wer weiß schon, wie lang die eigenen Stimmbänder sind? Deswegen sprechen wir häufig so, wie unser Umfeld, unsere Eltern, unsere Lehrer, Schauspielvorbilder oder wie wir es als schön empfinden und womit wir bisher viel erreicht haben. Wenn zum Beispiel eine Frau bisher gut damit gefahren ist, wenn sie mit einer hohen Stimme hilflos klingt und dadurch den Beschützerinstinkt im Mann weckt, dann wird sie eventuell immer wieder darauf zurückgreifen und deutlich höher sprechen, obwohl die Länge der Stimmbänder für eine Altstimme ausgelegt ist.

In meinem Kommunikationstraining hatte ich eine Frau, die kam mit einer sehr hohen Sopranstimme in mein Halbjahrestraining und verließ es Monate später mit einer tiefen Altstimme. Sie wusste nicht, dass diese in ihr steckt. Wieso sie vorher hoch gesprochen hat? Höher als ihre authentische Stimmlage?

Vielleicht lag es an ihrer Schüchternheit. Sie wollte nicht auffallen. Mit der tieferen Stimmlage fällt sie jetzt natürlich auf. Positiv. Weil es echt wirkt.

Bitte verstehen Sie mich nicht falsch: Alt ist nicht besser als Sopran. Doch seine eigene Stimmlage zu finden, ist definitiv das Beste, was Sie stimmlich für sich tun können. Und wenn Sie eine Altstimme haben, sollten Sie die auch nutzen und nicht ständig viel zu hoch reden. Dadurch entfernen Sie sich von Ihrer eigenen authentischen Stimmlage, und es kann gut sein, dass Sie jeden Tag heiser von der Arbeit nach Hause kommen. Das passiert natürlich nicht nur beim Hochschrauben, sondern auch wenn Sie eine hohe Tenorstimme haben und diese unbedarft runterquetschen, nur um tiefer zu klingen.

Finden Sie heraus, welche Tonhöhe Sie überhaupt haben. Egal wie Sie es nennen – Indifferenzlage, Eigenton, authentische Stimmlage –, die Frage bleibt: Wo ist die bei Ihnen? Am einfachsten gestaltet sich die Suche mit einem professionellen Stimmtrainer. Doch Sie können jetzt schon mal überlegen, wie Sie klingen, wenn Sie ganz entspannt mit einem Freund reden. Gaaaaanz entspannt. Ich rede nicht von einer aufgeregten Berichterstattung, sondern meine eher ein Gespräch kurz vor dem Schlafengehen; wenn Sie während des Redens schon müde vor sich hingähnen. Wie klingt Ihre Stimme dann? Und danach überlegen Sie, wie Ihre Stimme klingt, wenn Sie aufgeregt sind, viele Informationen loswerden möchten oder Angst haben. Da klettert die Stimme gerne mal nach oben.

STIMME HAT ALSO ETWAS MIT STIMMUNG ZU TUN?

Ein Beispiel, woran das liegen könnte, habe ich schon in Kapitel 4 erwähnt: Der Körper führt, die Stimme folgt. Je angespannter Ihr Körper ist, desto weiter klettert die Stimme nach oben. Aber auch die Sprechgeschwindigkeit spielt eine Rolle. Je schneller Sie reden, desto höher wird meistens der Ton. Das ist wie bei allen möglichen technischen Geräten: Je schneller die Bewegung ist, desto höher der Klang. Wenn Sie zum Beispiel bei einem Haushaltsgerät eine Stufe höher schalten, dann ist das Geräusch auch im wahrsten Sinne des Wortes höher, auch wenn der Hersteller damit die Geschwindigkeit meint. Und hier kommt wieder die Körpersprache ins Spiel: Denn je schneller Sie gehen, desto schneller reden Sie meistens. Und das wiederum wirkt sich auf die Stimmhöhe aus. Es hängt alles miteinander zusammen.

Sie können Ihre Stimme über die äußeren Umstände beeinflussen, wenn Sie zum Beispiel an einem Ort sind, an dem Sie sich richtig wohlfühlen: im Urlaub, in der Sauna, im Lieblingsrestaurant, bei den Eltern, am Meer et cetera. Dort entspannen Sie, und die Stimme sackt angenehm nach unten. Weniger Spannung bedeutet meistens eine tiefere Stimme. Wenn ich einen Seminarteilnehmer mit Stimmproblemen habe, bei dem ich das Gefühl habe, dass diese hauptsächlich durch Stress verursacht wurden, dann lasse ich ihn eine Was-entspannt-mich-Liste schreiben. Was entspannt Sie? Ein heißer Kaffee oder Tee? Ein bestimmtes Lied? Ein Spaziergang? Ein warmes Bad? Was auch immer es ist: Schreiben Sie es auf die Liste. Je mehr, desto besser. Bitte viele Kleinigkeiten und nicht nur den sechswöchigen Neuseelandurlaub. Wenn Sie zum Beispiel beruflich sehr eingespannt sind, dann hilft es, wenn Sie immer wieder Punkte von Ihrer Liste einplanen. Und der wochenlange Urlaub ist nicht so häufig umsetzbar. So schön das auch wäre.

Unser Innenleben, und somit auch unsere Stimme, reagiert auf die äußeren Umstände. Wenn Sie zum Beispiel in einer Stadt wohnen, in die Sie nur der Liebe wegen gezogen sind, aber wo Sie sich gar nicht wohlfühlen, dann wirkt sich das aus. Wenn Sie in einem Büro sitzen und Ihren Kollegen nicht mögen, ist es genau dasselbe. Wir haben häufig in unserem Arbeitsalltag Stimmprobleme, die im Urlaub nicht existieren. Die Stimme ist dieselbe, aber die Umstände sind anders. Falls Sie dies bei sich feststellen, dann ist die Frage, was Sie ändern können, um sich auch in der Zeit zwischen den Urlaubsphasen wohlzufühlen.

DER DOMINOEFFEKT VON INNEN NACH AUSSEN

Wenn Sie an den äußeren Umständen nichts ändern wollen oder können, dann arbeiten Sie von innen heraus. Denn das funktioniert am besten.

In uns läuft typischerweise folgende Kettenreaktion ab: Den Anfang macht das Bauchgefühl oder ein unbewusster Gedanke. Damit wird die Lawine losgetreten. Es folgt eine Emotion, die sich dann als Mikrobewegung im Gesicht zeigt. Diese Emotion wirkt sich auf den Körper aus und beeinflusst unsere Körperspannung und -sprache. Danach rollt die Lawine weiter zur Stimme und schließlich bis zur Wortwahl. »Der Körper führt, und die Stimme folgt« ist somit nur ein kleiner Auszug aus diesem Ablaufplan.

In Kapitel 2 (#wegschauen) habe ich ja schon erwähnt, dass Sie nicht an einer einzigen Augenbewegung festmachen können, ob jemand lügt. Das gilt auch für den restlichen Körper, denn alles, was Sie sehen, sind die Emotionen, die sich im Körper auswirken. Es kann also sein, dass Sie Zeichen von Angst sehen, aber warum Ihr Gegenüber ängstlich ist, wissen Sie wahrscheinlich nicht. Vielleicht liegt es daran, dass er diese ganze Gesprächssituation nicht mag, oder weil er Angst hat, bei einer Lüge erwischt zu werden, oder weil er Panik hat, dass sein Auto abgeschleppt wird, das er im Halteverbot geparkt hat. Sie sehen die Emotion. Und wenn diese Emotion nicht zum Inhalt passt, dann werden wir kritisch. Ebenso, wenn ein Bereich in dieser Kettenreaktion nicht stimmt, das heißt, die Körpersprache nicht zur Stimme passt oder die Mimik nicht zur Wortwahl.

Bringen Sie die Lawine oben im Kopf ins Rollen, und wahrscheinlich klingt dann die Stimme so, wie Sie sie haben möchten.

Deswegen lege ich mittlerweile viel mehr Wert auf die innere Einstellung als auf das reine Stimmtraining. Womit ich nicht sagen will, dass ein Stimmtraining sinnlos ist, denn ein guter Stimmtrainer wird auf beides achten: auf die innere Haltung und auf die richtigen Stimmübungen.

Kommen wir noch einmal zurück zu den Lügen: Hohe Stimmen gelten häufig als ein Indiz für eine Lüge. Das liegt wahrscheinlich daran, dass viele unbedarfte Lügner bei der Wahrheitsvermeidung angespannt sind. Diese Spannung sorgt für die hohe Tonlage. Doch wenn ich gerade schnell laufe, mich bei einer Fremdsprache auf die Vokabeln konzentriere oder frisch verliebt bin, dann geht die Stimme auch nach oben. Immer dann, wenn Gefühle oder ein hohes Tempo für mehr Spannung sorgen. Wenn Sie also möchten, dass man Ihnen die Gefühle nicht an der Stimme anhört, dann entspannen Sie bewusst. Lenken Sie sich ab, indem Sie an etwas anderes denken, oder beeinflussen Sie mit der Körpersprache Ihre Stimme, wie in Kapitel 4 (#positiverbereich) beschrieben.

Da wir über die Entspannung an die eigene authentische Stimmlage kommen, die meistens im unteren Drittel unseres Stimmumfangs liegt, wird bei Stimmübungen auch gerne mit dem Kauen gearbeitet. Weil wir beim Essen meistens entspannt sind und wir dadurch das Kauen mit der Entspannung gleichsetzen. Sprechen Sie also einfach mal mit vollem Mund. Natürlich nicht während eines beruflichen Meetings, aber wenn Sie zu Hause üben. Sie können sich nämlich eine entspannte und somit überzeugende Stimme »erkauen«. Dank einer klassischen Konditionierung. Genauso wie Pawlow seine Hunde konditioniert hat. Er hat die Glocke geklingelt und hat ihnen dann etwas zu fressen gegeben. Wieder die Glocke, wieder das Fressen. Im ersten Schritt haben die Hunde schnell begriffen, dass die Glocke bedeutete, gleich etwas zu fressen zu bekommen, und nach kurzer Zeit stand die Glocke für das Fressen.

Das Gleiche können Sie mit der Kauübung erreichen. Wenn Sie nun während des Sprechens kauen, dann überträgt sich die Entspannung auf die Stimme, und Sie kommen an Ihre eigene authentische Stimme heran, mit der Sie stundenlang reden können, ohne heiser zu werden. Am Ende dieser Kauübung steht, dass für Sie Sprechen Entspannung bedeutet.

WELCHE STIMME VERKAUFT DENN NUN DIE MEISTEN VERSICHERUNGEN?

Was ist nun überhaupt eine überzeugende Stimme? Sie klingen überzeugend, wenn Sie im unteren Drittel Ihres Stimmumfangs sprechen. Sozusagen mit ihrer eigenen Bassstimme. Auch wenn Sie ein Tenor sind, dann suchen Sie praktisch den Bassbereich Ihres Tenors, also dort, wo Ihre Stimme wirklich Volumen hat und wo sie klingt. Das mit der tiefen, entspannten Stimme wäre somit geklärt, doch wo kommt das Volumen her? Auch wieder über die Entspannung und indem Sie den kompletten Körper fühlen. Denn der komplette Körper schwingt mit. Je durchlässiger Sie sind, desto voluminöser klingt die Stimme. Daher bieten sich Übungen an wie die Affentrommel (siehe #bessersprechertipp Nummer 1) oder auch die Vorstellung, dass Sie an Ihren Fußspitzen Lautsprecher haben, aus denen der Klang kommt.

Das Gehör spielt ebenfalls eine große Rolle. Denn Ihre Stimme spiegelt das wider, was Sie hören können. Daher klingt die Stimme eines schwerhörigen Menschen häufig flach, monoton und wenig facettenreich. In der heutigen Zeit arbeiten viele von uns auf ein schlechtes Gehör hin, weil wir auf unsere Ohren nicht mehr achten. Generell wird behauptet, dass unsere Augen das wichtigste Sinnesorgan seien, und sie wurden in der heutigen Welt auch dazu gemacht. Die Wissenschaft ist sich bisher nicht einig, welches Sinnesorgan wirklich das wichtigste ist, aber für die Stimme sind hauptsächlich die auditiven Sinnesorgane ausschlaggebend. Doch auch in den Ohren gibt es Muskeln, die erlahmen können. Durch zu viel Lärm werden die Ohren überbelastet. Sie können Ihr Gehör und damit auch Ihre Stimme verbessern, indem Sie jede Woche zehn Minuten in die Stille gehen. Damit meine ich komplette Stille. Setzen Sie sich frühmorgens in Ihr Büro, schließen Sie die Augen, und horchen Sie mal zehn Minuten in die Stille hinein.

Zurück zur Bassstimme: Ist nur die überzeugend? Nicht, wenn Sie nur von der Tonhöhe ausgehen und somit die klassischen Bassisten meinen, womit typische Frauen- und helle Männerstimmen außen vor wären. Aber sehr wohl, wenn Sie davon ausgehen, dass jeder Mensch seine eigenen Bassfrequenzen nutzt. Aktivieren Sie Ihre authentische Stimmlage. Finden Sie Ihren eigenen Weg, und passen Sie sich nicht der Mode an, denn die ändert sich auch beim Stimmklang immer mal wieder. Als die hohen Frauenstimmen noch sehr beliebt waren, stand in vielen Lehrbüchern, dass Frauen im Durchschnitt eine Oktave höher sprechen als Männer. Das hat sich geändert. Mittlerweile gibt es nur noch eine halbe Oktave Unterschied in Deutschland.[VI] Die Forscher haben erkannt, dass dies ausschließlich am veränderten Rollenbild der Frauen liegt. Sie hätten früher also auch schon tiefer sprechen können, wollten es aber nicht. Manche bis heute nicht. Ich erinnere mich noch, wie die Sängerin Britney Spears bei »Wetten, dass …« neben Thomas Gottschalk saß und ein Ausschnitt aus ihrem Kinofilm gezeigt wurde. Natürlich mit der deutschen Synchronstimme, die deutlich tiefer sprach als Britney selbst. Sie schaute Gottschalk an und meinte, dass sie ihre eigene Stimme schöner fände, weil sie höher sei. Britney steht mit dieser Meinung nicht allein da. In einigen Ländern sprechen die Frauen noch deutlich höher als in Deutschland. Doch die Norwegerinnen zum Beispiel gelten als Vorreiterinnen für tiefe Stimmen. Wahrscheinlich, weil in den skandinavischen Ländern die Emanzipation mehr gelebt wird, als in anderen Ländern. Da darf die Frau dann auch mit tieferer Stimme weiblich sein.

#BESSERSPRECHERTIPPS

1 Affentrommel: Klingt albern und ist es auch, aber unglaublich effektiv. Sie haben sicherlich sofort einen Gorilla vor Augen, der seine Brust nach vorne wölbt und mit beiden Fäusten darauf schlägt. So ungefähr werden Sie das auch machen! Allerdings ohne den Brustkorb nach vorne zu wölben. Die Affentrommel ist nicht nur eine Entspannungsübung, sondern auch eine Atem-, Präsenz- und eine Stimmübung! Sie klopfen erst mit beiden Händen den Brustkorb ab. Dabei versuchen Sie, so weit wie möglich zu entspannen. Klopfen Sie die Muskeln weich. Sie brauchen nur wenige Muskeln zum Stehen, die meisten können Sie entspannen. Klopfen Sie so lange auf den Brustkorb, bis er warm wird und kribbelt und Sie der Meinung sind, dass Sie in diesem Bereich nicht noch mehr entspannen können. Danach gehen Sie nahtlos zum Bauch über. Auch hier so lange klopfen, bis Sie so entspannt wie möglich sind. Sie können immer mehr entspannen, als Sie denken. Haben Sie auch hier alles weich geklopft, dann gehen Sie weiter und klopfen die Oberschenkel vorne weich, dann gehen Sie runter zu den Schienbeinen. Wenn Sie die Füße erreicht haben, dann klopfen Sie sich auf

der Rückseite wieder nach oben. Erst die Waden, dann die Oberschenkel von hinten, der Hintern und der untere Rücken. Danach klopfen Sie noch Ihre Arme ab. Und zum Schluss stampfen Sie mit den Füßen fest auf. Es soll richtig knallen, damit Sie Ihre Füße spüren.

2 Gibt es etwas, das Sie gerne riechen? Vielleicht frisch gebackenen Schokoladenkuchen? Denken Sie intensiv an diesen Geruch, und atmen Sie durch die Nase genießerisch diesen imaginären Geruch ein. Und dann sprechen Sie. Wenn Sie mit diesem Geruch Entspannung und Vorfreude verbinden, dann werden Sie diese Emotionen sofort in Ihrem Körper spüren und auch im Stimmklang hören, wenn Sie danach anfangen zu sprechen. Kling albern, bewirkt aber in kürzester Zeit wahre Stimmwunder.

3 Bleiben wir bei der Schokolade. Stellen Sie sich Ihre Lieblingsschokolade vor. Und dann stellen Sie sich vor, dass ein Stück dieser Schokolade auf Ihrer Zunge schmilzt. Sagen Sie dabei genießerisch »Mmm«. Nur zu sich selbst. Ein »Mmm«, das Sie nur für sich sagen, und ein »Mmm«, mit dem Sie Ihrer Mutter zeigen möchten, wie lecker sie gekocht hat, ist ein großer Unterschied. Ich möchte, dass Sie das »Mmm« nur zu sich sagen. Soweit zur Vorarbeit. Und danach sagen Sie dieses genießerische »Mmm« auch, bevor Sie den Telefonhörer abnehmen. Wenn Sie dies einige Mal geübt haben, dann sind Sie klassisch konditioniert, und es reicht, wenn Sie später beim Teammeeting nur daran denken, Sie würden »Mmm« sagen und dann losreden. Die Stimme wird die Tonhöhe und Entspannung von diesem Murmellaut übernehmen, und Sie kommen Ihrem Eigenton sehr nahe.

4. Erstellen Sie eine Was-entspannt-mich-Liste, und setzen Sie an stressigen Tagen ganz viel davon um, damit die äußere Entspannung zur inneren Entspannung wird und sich auf Ihre Stimme auswirkt.

5. Merken Sie sich folgende Kettenreaktion: Bauchgefühl oder unbewusster Gedanke – bewusste Emotion – Mimik – Körpersprache – Stimme – Wortwahl. Deswegen sind Mentaltrainings so erfolgreich. Sie konzentrieren sich auf den ersten Dominostein und stupsen ihn bewusst an. Alle anderen folgen meistens diesem Impuls. Das wirkt sehr stimmig, und daher werden Lügner selbst von Profis nicht entlarvt, die an ihre eigenen Lügen glauben. Die Schauspieler konzentrieren sich auch hauptsächlich auf diesen Dominoeffekt. Da wird an der inneren Haltung gearbeitet, und der Rest wird laufengelassen. Ein Schauspieler würde sich also nicht ausschließlich auf die Körpersprache, Stimme und Mimik konzentrieren, sondern hauptsächlich darauf vertrauen, dass die mentale Einstimmung dazu führt. In der Kommunikationsszene erlebe ich dies häufig andersherum, und dadurch überzeugen mich auch einzelne korrekte Handhaltungen oder eine tiefe Stimme nicht, wenn ich spüre, dass es nicht stimmig ist. Ein einziger Dominostein ist selten überzeugend.

6. Gönnen Sie sich und Ihrer Stimme die Kauübung: Dafür nehmen Sie einfach eine halbe Toastbrotschreibe oder was auch immer Sie morgens essen. Sie beißen ab, kauen und murmeln während des Kauens langsam die Tonleiter runter. Bitte hören Sie NIE mit dem Kauen auf, während Sie das »M« sprechen, sonst fehlt die Verknüpfung vom Essen zur Stimme. Sie kauen also, senken dabei Ton für Ton die Stimme, sagen »Mmmm« und sprechen dann, wenn Sie das Gefühl haben, dass Sie auf

eine entspannte Art und Weise nicht tiefer kommen, ein M-Wort. Zum Beispiel »Marmelade«. Oder »Mathematiklehrer«. Oder »Mama«. Dann wieder Abbeißen, auf Mmmm runterkauen und ein M-Wort sagen. Das machen Sie drei Tage lang einmal im Laufe des Tages. Danach machen Sie es genauso, aber sagen nicht nur ein M-Wort, sondern M-Sätze. Zum Beispiel: »Mann, schmeckt das Frühstück heute lecker.« Oder »Maulwürfe sind auch nicht mehr so wie früher.« Dies machen Sie ungefähr drei Wochen lang einmal täglich. Danach sind Sie konditioniert. Wenn Sie nun merken, dass ein anstrengendes Gespräch auf Sie zukommt, dann machen Sie – ohne Ton – den Hauch einer Kaubewegung, und der Körper greift sofort auf die tiefere, entspannte Tonlage zurück.

Übungen fürs Gehör: Gehen Sie durch Ihre Wohnung und überlegen Sie sich, welche Geräte Sie ausschalten können. Fahren Sie im Auto zur Arbeit, ohne das Radio einzuschalten. Und machen Sie am Wochenende mit den Kindern »Geräusche raten«. Nach dem Motto »Ich höre was, was du nicht hörst«. Wer hört was? Und spüren Sie dabei bewusst, wie Ihr Ohr einzelne Geräusche herunterpegeln kann (siehe Kapitel 2 #wegschauen) und andere lauter stellt. Zum Schutz der Ohren bitte ab sofort so selten wie möglich Musik über Kopfhörer genießen. Eine Stunde am Tag ist völlig okay. Und dann bitte gute Musik. Damit meine ich eine gute Aufnahmequalität. Bei den MP3-Formaten werden viele Facetten der Obertöne reduziert, und da die Musik dadurch nicht mehr so gut klingt, kompensieren wir dies über die Lautstärke. Spielen Sie Musik als WAV- oder AIFF-Datei auf Ihren MP3-Player, oder hören Sie Ihre Musik zu Hause auf Vinyl oder auf Ihren alten CDs, die noch nicht mit MP3-Dateien vollgepackt wurden.

I »Bass bevorzugt«, Internetartikel von Liesa Klotzbücher, »Spektrum«, 13.12.2012, Originalstudie heißt: »Preference for Leaders with Masculine Voices Holds in the Case of Feminine Leadership Roles« von Rindy Anderson von der Duke University und Casey Klofstad von der University of Miami, Link: https://www.spektrum.de/news/bass-bevorzugt/1178725

II »What makes a female voice attractive?« von Xuan Liu und Yi Xu (University College of London), August 2011, Link: http://www.homepages.ucl.ac.uk/~uclyyix/yispapers/Liu_Xu_ICPhS2011.pdf

III »Voice pitch predicts reproductive success in male hunter-gatherers« von Coren Apicella, D. R. Feinberg, F. W. Marlowe, Fachmagazin »Biology Letters«, 22.12.2007, Link: http://rsbl.royalsocietypublishing.org/content/3/6/682

IV »Men's voice pitch influences women's trusting behavior« von Kelyn J.Montano, Cara C. Tigue, Sari G. EIsenstein, Pat Barclay, David R. Feinberg, »Evolution and Human Behaviour«, S. 293–297, Oktober 2016

V »The Speech that made Obama President«, youtube-Kanal von THNKR, 30.08.2012, Link: https://www.youtube.com/watch?v=OFPwDe22CoY

VI »Die Stimmen von Frauen sind viel tiefer geworden«, Internet-Interview mit Michael Fuchs, »Berliner Zeitung«, 24.02.2017, Link: https://www.berliner-zeitung.de/wissen/entwicklung-die-stimmen-von-frauen-sind-viel-tiefer-geworden--25800540

8

#armeheben

MYTHOS

Sorgen Sie dafür, dass Ihre Zuhörer gleich am Anfang die Arme heben, um sie aktiv in Ihren Vortrag mit einzubinden. (Version für Mario Barth: »Und die rechte Seite hebt die Hände!! Weißte!!«)

Wie Sie bei Ihren Zuhörern Emotionen erzeugen, warum das so wichtig ist, und wieso Fragen manchmal kontraproduktiv sind.

»WER HAT SCHON MAL ein Buch von mir gelesen?« – Ich stehe auf der Bühne, hebe meinen rechten Arm deutlich sichtbar nach oben und schaue mich neugierig um, wie viele im Publikum den Arm heben. »Und wer hat schon mal einen Vortrag von mir gehört?« – Wieder hebe ich selbst den Arm, um dem Publikum klar zu zeigen, wie ich die Meldung gerne hätte. »Und wer hat es satt, solche albernen Fragen zu beantworten und den Arm zu heben?« – Ich hebe wieder meinen Arm und schaue in lachende Gesichter.

So funktioniert es in der Theorie, in der Praxis habe ich das noch nie gemacht. Ich mag diese Armspiele nicht. Offiziell sind sie in der Kommunikationsszene sehr beliebt, um die Zuhörer sofort interaktiv mit einzubinden.[1] Es gibt meistens drei Fragen, davon sind die ersten beiden ganz neutral und die dritte am Ende lustig. Denn noch ein Vorteil dieser Methode: der Humor. Gemeinsames Lachen schafft Nähe, und wenn meine Zuhörer über meine Inhalte lachen, dann entstehen Emotionen. Und wie schon in Kapitel 6 (#negationenvermeiden) erwähnt, sorgt dies für ein besseres Erinnerungsvermögen. Die Grundidee des Armhebens ist toll. Ich habe nichts dagegen, denn Sie bringen Ihr Publikum in Bewegung, binden es aktiv mit ein, haben einen soliden Einstieg in den Vortrag, bringen die Zuhörer zum Lachen und sorgen dafür, dass sie diesen Einstieg so schnell nicht mehr vergessen werden.

Von manchen wird diese Technik eingesetzt, damit sich auch die Zuhörer angesprochen fühlen, die eher über den kinästhetischen Sinneskanal Informationen aufnehmen und weniger über das Sehen und Hören. Das bedeutet, dass sie die Bewegung brauchen oder das Fühlen, was mit dem Armheben erreicht wird. Abgesehen davon, wird das Gemeinschaftsgefühl geweckt, wenn alle gemeinsam Fragen beantworten. Die Zuhörer spüren schneller ein Wir, entspannen sich und nehmen die folgenden Inhalte leichter auf. Viele Punkte, die dafür sprechen.

Toll. Naja, es wäre toll, wenn mich diese Technik noch überraschen würde. Wie in Kapitel 3 (#gehen) schon beschrieben, spielt der Überraschungseffekt eine große Rolle, um eine denkwürdige Rede oder Präsentation zu halten. Doch mittlerweile hat sich dieser Tipp so herumgesprochen, dass ich auf Konferenzen manchmal zehn Speaker hintereinander erlebe, die alle mit dem Armspiel beginnen. Schon beim dritten erlahmt der Überraschungseffekt, der Humor schmeckt schal und die Zuhörer verweigern die Zusammenarbeit, wodurch die Interaktion auch flöten geht.

Wobei das Publikum mit diesen Einstiegsfragen meistens noch ganz entspannt umgeht. Aber wenn dann auch während des Vortrags ständig Fragen gestellt werden, dann nervt es immens. Selbst wenn die Fragen dann innerhalb der Rede nicht mehr im Dreierpack geliefert werden, sondern nur einzeln. Als ich vor vielen Jahren auf einer Konferenz das erste Mal auf dieses Phänomen gestoßen bin, da dachte ich noch, das wäre ein Running Gag. Ich schaute mich grinsend um, aber war die Einzige, denn alle anderen beantworteten ganz pflichtbewusst die Fragen. Selbst wenn die noch so albern waren und eher rhetorischer Natur, also keine Antwort vonnöten gewesen wäre. Zum Beispiel: »Wer von Ihnen hatte schon mal Ziele, die er nicht umgesetzt hat?« – »Wer von Ihnen ist schon mal hungrig einkaufen gegangen?« – »Wer von Ihnen hatte schon mal einen Konflikt?«

Ich dachte, dass dieser Trend vielleicht irgendwann mal aufhört, aber nein. Mittlerweile erlebe ich auch Kundenpräsentationen, die auf diese Art und Weise beginnen. Und die Technik wurde verfeinert. Sie sind als Redner anscheinend up to date, wenn Sie das Publikum nicht nur mindestens 30 Mal pro

Vortrag den Arm heben, sondern noch Worte mitsprechen und Geräusche von sich geben lassen. Wenn ich das machen würde, könnte ich es so einbauen, dass ich zum Beispiel bei meinem Kommunikationsmodell, auf das ich in Kapitel 18 (#kommunikationstypen) eingehen werde, nicht selbst die Worte »Feuer, Erde, Wasser und Luft« ausspreche, sondern nur auf das entsprechende Symbol auf meiner Powerpoint-Folie zeige und das Publikum dann »Feuer« ruft. Oder ich frage zum Beispiel: »Und wer kümmert sich darum, dass Sie immer einen frischen Kaffee haben?« und alle rufen »Wasser«. Fast wie in der Schule, wenn der Lehrer gefragt hat: »1 und 1 ist?« – »2!«

Nur mit dem Unterschied, dass die Schüler das in der Grundschule noch klasse fanden. In großen Veranstaltungshäusern erlebe ich mittlerweile, dass viele Leute aufstehen und rausgehen, weil Sie auf das Kasperletheater keine Lust haben. »Und wo ist der Kasperl?« – »DA!! DAAAAA!!!!« Und wo ist der erwachsene Zuhörer? Da!!! Da!!!! ... geht er aus dem Saal. Aber damit alle Übriggebliebenen noch mehr Spaß haben, lasse ich sie – um bei dieser Phantasievorstellung zu bleiben – dann immer, wenn ich das Wort Kommunikation verwende, »Ohhh« raunzen. Sie sind also die ganze Zeit aktiv dabei, falls sie es wünschen. Und ich kann mir dann innerlich auf die Schulter klopfen, weil ich die Zuhörer so toll mitgenommen habe.

Wie gesagt, dies ist nur eine Möglichkeit. Ich nutze sie nicht. Wenn ich auf der Bühne Fragen stelle und den Arm hebe, dann will ich die Antwort auch wissen. Ich mache daraus kein lustiges Dreier-Fragen-Set. Wobei ich noch einmal betonen möchte, dass die Grundidee klasse ist oder, besser gesagt, mal klasse war. Nun gilt es, sich etwas Neues einfallen zu lassen, womit Sie die Zuschauer aktiv einbinden, zum Lachen bringen und emotional erreichen. Es gibt zigtausend Möglichkeiten. Dieses Frage-Antwort-Hand-hoch-Hand-runter-Spiel ist überstrapaziert.

Sie können auch ohne diesen Schnickschnack die Menschen tief bewegen. Vor einigen Jahren hielt René Borbonus einen Vortrag darüber, wie die Deutschen mit Flüchtlingen umgehen.

Er hat den Vortrag spontan geschrieben, konnte ihn noch nicht auswendig, nutze daher ein Rednerpult und las viele Sätze ab. Er stand ganz ruhig da. Ohne viel Mimik. Ohne das Publikum dazu zu bringen, den Arm zu heben, Worte mitzusprechen oder Geräusche von sich zu geben. Er sprach einfach. Und das so unglaublich bewegend, dass Sie die berühmte Stecknadel gehört hätten, die vor dem Publikum auf den Teppichboden gefallen wäre. Hinterher gab es tosenden Applaus, und ich bin mir sicher, dass jeder Anwesende diese besondere Rede immer noch im Herzen hat.

Wie hat er das geschafft? Indem er sich geöffnet hat. Er hat Nähe zugelassen und Verletzlichkeit. Er war echt. Und er hat dort etwas Besonderes geschafft: Er hat für Stille gesorgt, indem er das Publikum zum Schweigen gebracht hat. René sagt in seinen Trainings gerne, dass es viel leichter ist, ein Publikum zum Lachen zu bringen als zum Schweigen. Er schafft in seinen Vorträgen beides, und das macht ihn in meinen Augen zu einem der besten Redner, die wir in Deutschland haben. Genauso großartig sind für mich die Redner Lutz Herkenrath und Johannes Warth. Der eine redet über persönliche Wirkung und der andere über Mut. Und auch diese beiden Redner bringen mich zum Lachen, um kurz darauf dafür zu sorgen, dass mir das Lachen im Halse steckenbleibt und ich ganz still werde.

WIE BEKOMME ICH DEN ARM GEHOBEN, OHNE DEN ARM ZU HEBEN?

Ich habe eine Vermutung, warum in der Kommunikationsszene diese Kombination von Arm heben, Worte wiederholen und Geräusche von sich geben so konsequent eingesetzt wird: Es sollen wertvolle Inhalte direkt in Ihr Unbewusstes gepackt werden.

Normalerweise geht das nicht so leicht, weil unser Bewusstsein als Kontrollinstanz fungiert. Wenn ich Ihnen sage: »Sie sind der schönste Mann, den ich je gesehen habe«, kann es gut sein, dass Sie bewusst denken: »Was für ein Quatsch. So schön bin ich doch gar nicht.« Wenn ich nun aber möchte, dass meine Aussage Sie im tiefsten Inneren erreicht und Sie sie nicht sofort wie einen Tennisball mit der Rückhand zurückschmettern, dann lenke ich Ihr Bewusstsein ab. Ich gebe Ihnen etwas zu denken, vielleicht eine Rechenaufgabe, und kurz darauf frage ich Sie vielleicht, was Sie zum Mittag essen möchten, oder bitte Sie, dass Sie sich – während Sie rechnen – im Kreis drehen. Egal was ich sage, mein Ziel ist es, praktisch die Türsteher (das Bewusstsein) zu Ihrem Unbewussten abzulenken. Wenn das geklappt hat, könnte ich den Satz wiederholen, dass Sie der schönste Mann sind, den ich je gesehen habe, und es wird Sie wahrscheinlich erreichen. Das bedeutet nicht, dass Sie sofort derselben Meinung sind, aber zumindest konnte ich einen Samen setzen.

Beim NLP gibt es die Technik Nested Loop, die nach genau diesem Prinzip funktioniert. Ich erzähle Ihnen eine Geschichte bis zu einer spannenden Stelle, breche dort ab und fange mit einer zweiten Geschichte an. Auch die erzähle ich nur bis zu einer entscheidenden Wendung und beginne mit einer dritten Geschichte. Ihr Bewusstsein wird sich dann die ganze Zeit fragen, wie denn nun die erste und zweite Geschichte weitergeht, und ist abgelenkt. Die Türsteher sind weg. Wenn ich möchte, dass Sie zum Beispiel weniger Prüfungsangst haben, dann packe ich Aussagen wie »Prüfungen machen Spaß. Prüfungen sind leicht.« in die dritte Geschichte und erhöhe damit die Chance, dass diese Aussagen direkt ins Unbewusste gehen. Die dritte Geschichte erzähle ich, nach diesen wichtigen Sätzen, dann zu Ende. Danach greife ich den Faden von der zweiten Geschichte wieder auf und erzähle sie zu Ende, und dasselbe mache ich mit der ersten Geschichte. Paket geschnürt, Türsteher abgelenkt, Paket abgeliefert und die Türsteher wieder positioniert.

Wenn nun die Zuhörer abgelenkt sind, weil sie den Arm heben, Worte wiederholen und Geräusche von sich geben, dann kann es gut sein, dass dadurch viele Aussagen im Mittelteil des Vortrags viel leichter ihr Ziel erreichen. Auch dies ist eine tolle Technik. Es spricht nichts dagegen, solange sie wertschätzend eingesetzt wird. Dies könnte der Grund sein, warum dieses Armspiel immer noch so häufig eingesetzt wird, obwohl immer mehr Zuhörer genervt reagieren.

Für Sie bedeutet es: Machen Sie das Arm-Worte-Geräusch-Spiel bitte nicht nach. Solange Sie kein Hypnotiseur oder NLP-Trainer sind, können Sie die Technik nicht souverän anwenden und stehen dann wirklich nur noch mit einem Werkzeug da, das kaum noch jemand sehen und hören mag.

Was Sie aber für sich mitnehmen können: Überraschungen sind gut. Vor allem am Anfang, wenn Sie den Zuhörern einen guten Grund liefern möchten, Ihrem Vortrag eine Chance zu geben. Humor ist auch super. Allerdings nur, wenn er zu Ihnen passt. Krampfhaft erzählte Witze am Anfang und Ende eines Vortrags, sind nicht lustig.

Wenn Sie kein routinierter Redner sind, dann vermeiden Sie es lieber, Fragen zu stellen. Denn Fragen bringen häufig Unruhe ins Publikum. Vor allem, wenn es rhetorische Fragen sind, Sie eine etwas längere Pause machen und niemand so recht weiß, ob Sie eine Antwort erwarten oder nicht. Bei ungeübten Vortragsrednern übe ich daher die Reden komplett ohne Fragestellungen oder zumindest erst am Ende, wenn sie schon lockerer sind und eine eventuelle Unruhe souverän auffangen können.

Bei einem Blackout während des Vortrags wird gerne dazu geraten, eine Frage ans Publikum zu stellen, damit der Redner Zeit gewinnt. Das ist wirklich eine gute Idee, allerdings nicht für Anfänger geeignet. Denn es ist wichtig zu erfühlen, ob das Publikum Ihnen gewogen ist oder nicht. Ich habe einmal eine junge Rednerin erlebt, die vor einem großen Publikum einen Vortrag über Konflikte hielt. Sie war unsicher, kam nicht richtig rein, die Witze funktionierten nicht, und sie tat mir sehr leid. In der Mitte wollte sie sich nun mit Fragen retten: »Wann haben Sie einen Konflikt?« – Sprach's, hielt ihr Mikrofon jemandem in der ersten Reihe hin, der es ihr sofort aus der Hand nahm und sarkastisch äußerte: »Wenn meine Zeit von einer unfähigen Rednerin verschwendet wird.« – Er reichte das Mikrofon weiter, und sie sah hilflos – und ohne Mikrofon – dabei zu, wie einer nach dem anderen einen vernichtenden Kommentar abgab. Irgendwann konnte sie das Mikrofon zurückerobern und beendete tapfer ihren Vortrag. Eine Frage hat sie nicht mehr gestellt. Natürlich ist dies ein absolutes Horrorszenario für jeden Redner, das zum Glück nur selten vorkommt.

Wenn Sie mit einer gewissen Unruhe im Publikum gut zurechtkommen und auch gerne spontan kontern, dann stellen Sie gerne immer mal wieder Fragen. Denn damit beziehen Sie Ihre Zuhörer aktiv mit ein. Dadurch wird aus einem Monolog ein Dialog, selbst wenn die einzelnen Zuhörer gar nicht antworten oder nur einen Arm heben.

#BESSERSPRECHERTIPPS

1. Überraschen Sie Ihre Zuhörer. Damit das auch klappt, ist es ratsam, die aktuell gängigen und manchmal überstrapazierten Techniken zu vermeiden.

2. Bringen Sie Ihr Publikum zum Lachen. Mit Humor erzeugen Sie eine Emotion, die wiederum den Zuhörern hilft, sich die Inhalte leichter zu merken. Abgesehen davon atmen Sie beim Lachen aus. Und die Ausatmung entspannt. Wenn Sie sich erschrecken, atmen Sie ein (»Ist das eine Spinne?«) und bei der anschließenden Entspannung atmen Sie wieder aus (»Puh, war doch nur ein Fussel.«). Wenn wir sehr lange angespannt waren, dann sehnt sich der Körper förmlich nach Entspannung, und deswegen lachen wir manchmal in traurigen Situationen, während uns noch die Tränen über die Wangen

laufen: »Ich weiß gar nicht, warum ich gerade lache.« Wir lachen auch auf Beerdigungen. Das ist nicht unpassend, sondern notwendig, um die immense Anspannung loszuwerden. Wenn Sie also mit jemandem reden möchten, der sehr angespannt ist, dann wäre es hilfreich, vorher gemeinsam zu lachen. Es gibt noch viele Gründe, die für den Einsatz von Humor sprechen, doch bitte nur, wenn Sie auch zu der lustigen Sorte gehören. Fangen Sie nicht an, vor anderen Witze zu erzählen, wenn Sie das sonst auch nie tun. Nutzen Sie den Humor, den Sie auch privat verwenden. Und wenn Sie eher ein nüchterner Typ sind, dann verzichten Sie auch in Vorträgen oder bei Hochzeitsreden lieber darauf.

3. Wenn Sie gerne Fragen stellen möchten, ohne das Armspiel einzusetzen, dann verteilen Sie doch mal vorher rote und grüne Karten. Bei Ja soll die grüne Karte hochgehoben werden und bei Nein die rote. Oder Sie verteilen Trillerpfeifen, und bei Zustimmung darf gepfiffen werden. Das könnte laut werden, aber lustig.

4. Vermeiden Sie als Redeanfänger rhetorische Fragen, wenn Sie das Publikum nicht unruhig machen möchten.

5. Fragen sind generell gut, um das Publikum aktiv mit einzubinden, doch stellen Sie ernsthafte Fragen, und lassen Sie es nicht zu einem sinnlosen Spiel verkommen.

I »Spice up your speaking presentations« von James Ocque, AuthorHouse Publishing, 2011

II »How to start a presentation strong and end powerfully«, Internetartikel von Julia Melymbrose, »envato tuts+«, 22.11.2016, Link: https://business.tutsplus.com/tutorials/how-to-start-a-presentation-strong-and-end-powerfully--cms-27601

9

#aber

MYTHOS

Sagen Sie nie ABER. Sagen Sie dafür UND.

Warum Verbote häufig das Gegenteil erzeugen, wann ein Aber unser Gegenüber demoralisiert, und wie wir eine klare Ansage machen können, ohne das Wort »müssen« zu benutzen.

»ISABEL, SAG MAL weniger ABER.« – Immer wieder höre ich diesen Satz. Als der Kollege mit seinem Team bei meinem Vortrag war, wovon ich schon in Kapitel 6 (#negationenvermeiden) berichtet habe, wurde mir dies auch im Anschluss als Kritikpunkt genannt. Ich hätte das achsoböse Wort »aber« benutzt. Das stimmt. Auch in diesem Buch finden Sie das Wort immer wieder. Käme ich auch ohne das Wort klar? Sicherlich. ABER warum sollte ich?

Auch hier gilt es mal wieder, den Scheinwerfer auf das große Ganze zu schwenken. Die Frage ist stets, warum ich das A-Wort benutze. Ich kann es dafür verwenden, dass ich die vorherige Aussage schwäche: »Ich liebe dich, aber dein Mundgeruch ist unerträglich.« In diesem Fall wird wohl niemand grinsend aus dem Gespräch rausgehen und laut trällern »Sie liebt mich, sie liebt mich …«. Da ist ein trauriges Geknicktsein wahrscheinlicher, denn der Mundgeruch wird im Gedächtnis haftenbleiben. Ich nutze das »Aber« gerne, doch in solchen Fällen natürlich nicht; denn wenn ich einem Menschen ernsthaft etwas Positives sage, dann möchte ich die Aussage nicht mit einem »Aber« schwächen. Erstens nutze ich das »Aber«, um einen negativen Satz zu relativieren. Zum Beispiel: »Die Deutschen sind viel zu regelverliebt, aber einige Regeln ergeben durchaus Sinn.« Meine allgemeine negative Aussage wird durch das »Aber« entschärft. Zweitens nutze ich es auch als Humor, wenn ich einem Zuschauer augenzwinkernd sage: »Es ist ja schön, dass Sie sich in die erste Reihe gesetzt haben, aber können Sie Ihrem Gesicht mal Bescheid geben, dass Sie Spaß haben?« Diese Art von Humor grenzt, wenn ich es nicht sofort auflöse, an aggressiven Humor und wird von mir äußerst selten eingesetzt. Meistens bei Menschen, die ich gut kenne und die sofort verstehen, dass mein Satz ironisch gemeint ist.

Drittens nutze ich das »Aber«, wenn ich zwei gleichwertige Punkte gegeneinander abwäge: »Ich hätte jetzt Lust, auf dem Sofa zu liegen, würde aber auch gerne mit dem Hund rausgehen.« Da schwäche ich nichts ab, sondern überlege vielmehr, was ich nun lieber tun würde. Zeige mit den zwei Optionen den Zwiespalt auf. Ich will hier kein Plädoyer für das »Aber« halten, sondern nur darauf hinweisen, dass ein »Aber« nicht generell böse ist. Die Entscheidung, ob Sie das Wort nutzen oder nicht, liegt bei Ihnen. Und falls Sie es doof finden, dann benutzen Sie es nicht.

Es gibt viele Möglichkeiten, das A-Wort wegzulassen. Sie können »und gleichzeitig« sagen: »Ich hätte jetzt Lust, auf dem Sofa zu liegen, und gleichzeitig würde ich gerne mit dem Hund rausgehen.« Oder Sie sagen nur »und«: »Ich hätte jetzt Lust, auf dem Sofa zu liegen und würde gerne mit dem Hund rausgehen.« Beide Versionen erklären das Dilemma der Entscheidungsfindung genauso gut wie die Variante mit »aber«. Manchmal habe ich allerdings das Gefühl, dass ein »Und« nicht genau das ausdrückt, was ich sagen möchte. Um beim eben genannten Beispiel zu bleiben: »Die Deutschen sind viel zu regelverliebt, und einige Regeln ergeben durchaus Sinn.« Häh? Der Satz drückt nicht das aus, was ich sagen möchte. Darüber hinaus klingt er für mich sperrig, und ich würde ihn in einem Buch wahrscheinlich zwei oder sogar drei Mal lesen, um ihn zu verstehen. Da funktioniert »und gleichzeitig« einen Hauch besser, doch wird dadurch wieder die Aussage verändert: »Die Deutschen sind viel zu regelverliebt, und gleichzeitig ergeben einige Regeln durchaus Sinn.« Was noch gerne genutzt wird als Aber-Ersatz: »gleichwohl« und »sowohl, als auch«. Probieren wir diese beiden Formulierungen auch noch aus: »Die Deutschen sind viel zu regelverliebt, gleichwohl ergeben einige Regeln durchaus

Sinn.« Damit kommen wir der Originalaussage schon näher. Letzte Variante: »Es stimmt, dass die Deutschen sowohl viel zu regelverliebt sind, als auch dass einige Regeln durchaus Sinn ergeben.« Fragen Sie mich nicht, wie lange ich gebraucht habe, um diesen Satz zu kreieren. Ist sicherlich Übungssache, und doch bleibe ich in solchen Fällen gerne beim »Aber«, damit ich genau das ausdrücken kann, was ich sagen möchte.

Es gibt allerdings einige Situationen, wo ich strikt das »Aber« vermeide: bei Feedback- und Konfliktgesprächen. Dort wähle ich penibel jedes Wort aus, weil wir in emotionalen Situationen dazu neigen, einzelne Aussagen auf die Goldwaage zu legen. Da will ich mit einem »Aber« kein Öl ins Feuer gießen. Sie hören doch schon am Anfang eines Satzes, ob jemand »aber« sagen will oder nicht. Ich erinnere mich an eine Diskussion mit einem Freund. Wir waren komplett anderer Meinung und wollten trotzdem beide ganz ruhig und sachlich darüber reden. Er setzte an, ließ das Ende des Satzes in der Luft schweben, und ich fragte dann: »Aber?« – »Kein Aber … und gleichzeitig denke ich, dass du dieses Projekt für dich angehen solltest.« In solchen Momenten frage ich mich, wo der Unterschied zwischen »aber« und dem hochgelobten »und gleichzeitig« ist. Wenn jemand »aber« denkt, ein »Aber« meint, das Gegenüber auch weiß, dass es hier um »aber« geht, dann klingt »und gleichzeitig« nur wie eine schlecht sitzende Karnevalsmaske, die über das »Aber« gestülpt wird.

Wie wäre es, wenn wir das »Aber« von der Strafbank holen und es hier und da mal nutzen? Auf eine wertschätzende Art und Weise. Natürlich nur, wenn Sie Lust dazu haben. Denn sich ein »Aber« nur in einigen Bereichen abzugewöhnen, ist fast mehr Arbeit, als es sich komplett zu verbieten. Das ist ähnlich wie beim Rauchen: Für viele ist es leichter, komplett damit aufzuhören und nicht nur die Anzahl der Zigaretten zu reduzieren. Wenn Sie mit dem Komplettverbot also leichter fahren, ist es für Sie ein guter Weg. Doch bitte verurteilen Sie niemanden dafür, wenn er in einem vernünftigen Zusammenhang das »Aber«

benutzt. Ich persönlich halte nichts von generellen Verboten. Manchmal wird es dadurch nur noch schlimmer. Wenn jemand sich das »Aber« abgewöhnen will, dann ist »aber« vielleicht trotzdem ständig in seinem Kopf, weil er sich denkt: »Ich will kein ABER mehr sagen.« Und was sagt er dann? Aber. Das ist wie mit kleinen Kindern in der Kirche, denen man zuflüstert: »Hier lacht man nicht.« Ab dem Moment wird der Lachdrang so übermächtig, dass die Kinder irgendwann wahrscheinlich losprusten.

ABER: WERDEN SÄTZE NACH DEM ABER NICHT ERST WIRKLICH INTERESSANT?

Eine Berühmtheit unter den Aber-Sätzen ist »Ja, aber«. Sie machen in Ihrem Unternehmen einen Vorschlag, und es kommt »Ja, aber« aus der Runde. Sie entkräften den Einwand, und schon wieder kommt ein »Ja, aber« um die Ecke. Wer »Ja, aber« sagt, meint nicht wirklich Ja. Er möchte nur seinen Einwand in den schon erwähnten Feedback-Burger packen, naja, einen halben dieses Mal. Erst ein Ja (Brötchen) und dann ein Aber (Frikadelle). Wenn Sie dann noch mit dem Satz »Ansonsten bin ich da ganz bei dir« aufhören, dann wäre dies die noch fehlende obere Brötchenhälfte und der Burger somit komplett. Bäh! Falls Sie denken, dass ich hier Sätze kreiere, die doch so da draußen nie vorkommen, dann irren Sie sich. Schon so oft gehört. Erst »ja, aber«, dann die ganzen vernichtenden Kritikpunkte raushauen, um dann mit diesem schrecklichen Satz »da bin ich ganz bei Ihnen« aufzuhören. Das sind Feedback-Burger in ihrer schlimmsten Form, und so war der nie gedacht, aber das habe ich ja schon in Kapitel 6 (#negationenvermeiden) erwähnt.

Von René Borbonus habe ich mal eine tolle Möglichkeit gehört, wie Sie auf ein »ja, aber« kontern können. Sie sagen einfach »gerade weil«. Als Beispiel: »Ich möchte gerne mit dir spazieren gehen.« – »Ja, aber es ist schon dunkel draußen.« – »Gerade weil es dunkel ist, möchte ich gerne mit dir spazieren gehen. Das ist so romantisch.« Ich finde diesen Konter herrlich, weil Sie das Argument einfach um 180 Grad drehen. Das erinnert mich an Aikido oder Wing Tsun, wo hauptsächlich die Kraft des Gegners genutzt wird, nicht die eigene. Das machen Sie hier auch: Sie nutzen die Argumente Ihres Gegenübers und verwandeln sie ins Positive.

Beim Aber bin ich dafür, dass Sie es am Leben erhalten. So ein bisschen. Hier und da. Wertschätzend eingesetzt. Doch es gibt ein anderes Wort, auf das ich komplett allergisch reagiere: müssen. Wenn mir jemand sagt, dass ich etwas tun muss, dann kommt sofort das trotzige Kind in mir hoch und denkt sich: »Ich muss gar nichts.« Maximal sterben oder aufs Klo. Beim Müssen wehrt sich jede Faser in mir. Und ich denke, das geht vielen von uns so. Leider nutzen wir es immer wieder. Auch hier wird empfohlen, einen Tausch vorzunehmen: »Ich muss« gegen »ich will«. Also nicht: »Ich muss morgen noch den Rasen mähen«, sondern: »Ich will morgen noch den Rasen mähen.« Wenn ich das in Seminaren vorschlage, dann kommt häufig das Argument: »Aber ich will doch gar nicht.« Doch. Natürlich wollen Sie. Sonst würden Sie das Gras einfach wachsen lassen und den Rasenmäher verkaufen. Sie wollen mit den Nachbarn keinen Ärger bekommen. Sie wollen von den strengen Eltern gemocht werden. Sie wollen nicht wie ein Hippie wirken. Irgendetwas wollen Sie, sonst würden Sie den Rasen einfach wachsen lassen. Vielleicht kommt auch als Konter: »Meine Frau will das.« Okay. Also wollen Sie Ihre Frau glücklich machen. Im ersten Schritt fühlt sich das »Wollen« falsch an, aber wenn Sie genau darüber nachdenken, dann merken Sie: Sie wollen es.

Falls Sie sich aber mit dem »ich will« wirklich nicht anfreunden können, dann formulieren Sie den Satz einfach komplett um. Wie wäre es mit: »Ich werde den Rasen noch mähen.« Kein Müssen, kein Wollen, nur Machen. Oder noch knapper: »Ich mähe noch den Rasen.« Und ich finde, dass sich diese beiden

Sätze viel positiver anhören und anfühlen als »ich muss noch den Rasen mähen«. Als ich mir vor knapp 15 Jahren das Müssen abgewöhnen wollte, griff ich ständig nach »sollen«. Ich schrieb in meinen Seminarunterlagen also nicht: »Sie müssen Ihren ganzen Körper spüren, damit die Stimme voluminöser klingt«, sondern »Sie sollten Ihren ganzen Körper spüren, damit die Stimme voluminöser klingt«. Das war nicht besser. Deswegen formuliere ich diesen Satz heute so: »Spüren Sie Ihren ganzen Körper, damit die Stimme voluminöser klingt.« Das ist viel aktiver, griffiger, kürzer und ohne ein Müssen.

Packen wir doch mal alles in einen Satz: »Ich will ja mit dir Fernsehen schauen, aber ich muss erst noch meine Hausaufgaben machen.« »Ich will« gepaart mit »ja, aber« und »ich muss«. Was für ein Highlight. Und was steckt dahinter? Die Person will gerne Fernsehen schauen, doch ist nicht bereit, den Preis dafür zu zahlen. Der Preis wäre am nächsten Tag eine schlechte Note, sich im Unterricht unwohl zu fühlen, weniger perfekt zu sein oder weniger Anerkennung zu bekommen. Wenn Sie merken, dass so eine Satzkonstruktion in Ihrem Kopf herumschwirrt, dann nehmen Sie sich die Zeit, um herauszufinden, was Sie wirklich wollen. Und ob Sie bereit sind, den Preis dafür zu zahlen.

#BESSERSPRECHERTIPPS

1. Vermeiden Sie das Wort »aber« bei Feedback- und Konfliktgesprächen.

2. Wenn Sie eine negative Aussage haben, dann dürfen Sie danach natürlich ein »Aber« verwenden, um die Aussage zu relativieren. Etwas Negatives mit einem »Aber« abzuschwächen ist gut, etwas Schönes mit einem »Aber« zu relativieren, fühlt sich für die meisten nicht gut an.

3. Ein »Und« als Aber-Ersatz passt ganz häufig nicht. Daher nutze ich gerne »und gleichzeitig« oder »gleichwohl«. Sie können auch »sowohl, als auch« benutzen.

4. Wenn Sie jemanden haben, der ständig auf Ihre Vorschläge mit einem »Ja, aber …« kontert, dann antworten Sie mit »gerade weil«. Damit nehmen Sie Ihrem Gegenüber den Wind aus den Segeln.

5. Das Wort »müssen« am besten so selten wie möglich benutzen und stattdessen lieber »ich will« oder »ich werde«. Anstatt »Ich muss noch eine Stunde arbeiten«, lieber »Ich will noch eine Stunde arbeiten«, »Ich werde noch eine Stunde arbeiten« oder »Ich arbeite noch eine Stunde«. Ich nutze am häufigsten die letzte Variante. Aber bitte korrigieren Sie nicht ständig andere, wenn sie das Wort verwenden. So eine Sprachpolizei ist nicht sonderlich beliebt. Wenn Sie zum Beispiel in einer Facebook-Gruppe das Wort »müssen« schreiben und innerhalb von fünf Minuten sofort drei Kommentare bekommen, wo Ihnen geraten wird, mehr auf Ihre Denkweise zu achten, dann ist das weder schön noch liebevoll.

6. Achten Sie auf Ihre eigene innere Einstellung. Wenn Sie das »Aber« aussprechen, um jemanden zu korrigieren oder maßzuregeln, dann lassen Sie es lieber sein. Damit verlieren Sie die Augenhöhe. Und gute Gespräche sind dann eher nicht mehr möglich.

---

1 »The Achievement Habit« von Bernhard Roth, HarperBusiness Verlag, 2015

10

#stimmefeuchthalten

MYTHOS

Halten Sie Ihre Stimme feucht, und vermeiden Sie deswegen Kaffee.

Warum Kaffee Ihrer Stimme weder nutzt noch schadet, Lutschbonbons Heiserkeit nicht verhindern und alles, was Ihrem Körper gut tut, auch Ihrer Stimme hilft.

ICH BIN IMMER WIEDER erstaunt, wie lange und hartnäckig sich fehlerhafte Inhalte halten können. Immer wieder höre ich in der Kommunikationsszene, dass man sich doch die Stimme feucht halten sollte, indem man ausreichend trinkt.[1] Deswegen wird auch vor Kaffee gewarnt, der den Körper entwässern würde. Und das wäre dann sofort auf der Stimme zu hören.

Wenden wir uns erst einmal dem Kaffee zu: Der entwässert nicht den Körper. Dieser Mythos wurde schon vor langer Zeit widerlegt. Rein hinsichtlich der Flüssigkeitsaufnahme spielt es keine Rolle, ob Sie Kaffee, Wasser oder Tee trinken. Das Koffein im Kaffee wirkt harntreibend, daher ist ein baldiger Toilettengang programmiert, aber das bedeutet nicht, dass wir über den Tag verteilt mehr Wasser verlieren. Übrigens hört dieser Harndrang häufig auf, wenn jemand regelmäßig Kaffee trinkt. Unser Körper ist ja anpassungsfähig. Und auch das Glas Wasser, welches in guten Kaffeehäusern sofort zum Espresso serviert wird, bedeutet nicht, dass Sie damit den Wasserhaushalt ausgleichen sollen. Manche trinken das Wasser vorweg, um den Durst zu stillen, bevor sie danach genüsslich ihren Espresso zu sich nehmen. Andere möchten mit einem Schluck Wasser alle sonstigen vorherrschenden Geschmäcker im Mund neutralisieren, um danach den Kaffee nicht mit dem vorher gegessenen Joghurt zu vermischen. Darüber hinaus kann das Wasser einem empfindlichen Magen helfen, weil der Kaffee dadurch verdünnt ankommt. Es gibt also viele mögliche Gründe für das Glas Wasser.

Ich trinke gerne einen Kaffee. Oder zwei oder drei. Auch direkt vor einem Vortrag. Und dann sogar den bösen Milchkaffee. Auch da gibt es viele Stimmen, die behaupten, man solle doch keine Milch trinken, weil das die Stimme zuschleimen würde. Ich habe keine Ahnung, wie diejenigen trinken, die so etwas behaupten, aber ich schlucke meine Milch inklusive Kaffee direkt in die Speiseröhre. Meine Stimme, genauer gesagt meine Stimmbänder und Stimmlippen, sind in der Luftröhre. Stimme ist geführte Luft. Deswegen ist die Atmung für den Stimmklang so wichtig. Exakt sitzt die Stimme im Kehlkopf. Darüber ist der Kehlkopfdeckel, der dafür sorgt, dass die Luftröhre beim Schlucken abgedeckt wird, damit alles, was Sie essen und trinken, auf direktem Wege in die Speiseröhre rutscht. Weder der Kaffee, noch die Milch kommen an meine Stimmbänder heran. Falls der Kehlkopfdeckel mal nachlässig war und doch etwas Flüssigkeit in die Luftröhre kommt, dann huste ich, was das Zeug hält, um diesen Fremdkörper so schnell wie möglich wieder rauszubekommen.

Das Husten mache ich mit meinen Stimmbändern. Nach dem Kehlkopfdeckel sind sie die letzte Schutzinstanz, damit auch ja kein Fremdkörper in die Lungenflügel kommt. Die Stimmbänder können die Luftröhre komplett abschotten oder entspannt schwingen. Sie haben also eine Doppelfunktion. Einerseits sind sie für die Stimmerzeugung zuständig und gleichzeitig ein Schließmuskel. Immer dann, wenn Sie Kraft brauchen und »die Luft anhalten«, machen Sie dies mit den Stimmbändern. Stehen Sie ruhig mal kurz auf und heben Sie den Tisch an, dann spüren Sie, was ich meine. Das sind Ihre Stimmbänder. Diese Doppelfunktion führt übrigens immer mal wieder zu einer heiseren Stimme. Denn Ihre Stimmbänder schotten die Luftröhre ab, wenn Sie vermeintlich Kraft brauchen. Bei Angst, Respekt oder Stress wird die Schließfunktion häufig aktiviert, vor allem wenn Sie in die Stressatmung (Hochatmung) gehen. Nach dem Motto: Du brauchst Kraft? Zum Flüchten oder Kämpfen? Ich gebe sie dir!

Wenn Sie dann aber gleichzeitig sprechen wollen, dann steht Ihr Gehirn vor einer fast unlösbaren Aufgabe, denn die Stimmbänder können nicht schließen und gleichzeitig Luft durchlassen, um die Stimme zu erzeugen. Was nun? Häufig wird dann ein Kompromiss eingegangen, indem die angespannten Stimmlippen sich halbherzig öffnen und bewegen. Kein Wunder, wenn Sie dann heiser werden. Deswegen wird unter anderem beim Sprechen so sehr auf die Entspannung geachtet. Konzentrieren Sie sich erst auf die Ausatmung und danach auf die tiefe Atmung. Wenn Sie aus der Stressatmung rausgehen, dann versteht ihr Kopf hoffentlich, dass Sie gerade keine Kraft brauchen.

Wie kommt nun dieser Mythos zustande, dass man sich die Stimme feucht trinken könne? Vielleicht, weil jemand die Aussage, dass viel trinken die Schleimhäute im Rachenraum feucht hält, vereinfachen wollte. Ja, es gibt auch um die Stimmbänder herum Schleimhäute, und natürlich werden die auch indirekt mit Wasser versorgt. Es ist schlau, ausreichend zu trinken. Generell. Für die Stimme, für das Gehirn und den kompletten restlichen Körper. Doch ich kann mir nicht direkt die Stimme feucht trinken. Wenn Redner sich ein Glas Wasser mit auf die Bühne nehmen, dann liegt es auch wieder daran, dass die Schleimhäute in den Resonanzräumen im Rachenbereich feucht gehalten werden sollen. Ich trinke immer mal wieder einen Schluck Wasser, um weniger Schmatzgeräusche beim Reden zu haben. Die Schmatzgeräusche kommen in der Tat manchmal von meinem Milchkaffee, weil die Milch einen leichten Film auf der Zunge und im Mundraum hinterlässt. Dieses Gefühl kennen Sie bestimmt. Interessiert das die Stimme? Nein. Ist die Stimme dann verschleimt? Nein. Aber es fühlt sich für mich vielleicht unangenehm an und erhöht manchmal die Schmatzgeräusche bei Audioaufnahmen im Tonstudio.

Wer mich schon mal auf der Bühne erlebt hat, weiß, dass ich dort am Anfang einen Schluck Wasser nehme und danach meistens 90 Minuten durchrede, ohne zu trinken. Und selbst dann stehe ich häufig noch über eine Stunde für Fragen zur Verfügung und trinke währenddessen weiterhin nichts. Ist mein Hals dann trocken? Das kann sein. Ist meine Stimme trocken? Nein.

Ihr Stimmklang wird nicht nur von den Stimmbändern und Stimmlippen geprägt, sondern auch vom kompletten Resonanzraum. Wenn der ausgetrocknet oder verschleimt ist, dann verändert sich der Stimmklang. Insofern kann sich die Milch auf den Stimmklang auswirken. Kann, muss aber nicht! Und definitiv ist es zu einfach, nur von der Stimme zu reden, anstatt von den Schleimhäuten im Rachenraum. Denn ich gurgle nicht meinen Milchkaffee am Kehlkopfdeckel vorbei bis zu den Stimmlippen, um ihn dann wieder hoch zu husten und herunterzuschlucken. Eine absurde Vorstellung.

Damit ist hoffentlich auch klar, dass scharfes Essen nicht auf direktem Wege Ihrer Stimme schadet. Und auch keine Schokolade, die gerne mal vor einer Choraufführung vom Chorleiter verboten wird, weil die ja wieder die Stimme zuschleimen würde. Nö. Tut sie nicht. Sie verändert höchstens den Resonanzraum und somit den Stimmklang. Was eine Wahrscheinlichkeit ist, aber keine Tatsache.

Wenn ich Seminarteilnehmer habe, die unter Redeangst leiden, dann ist es mir am wichtigsten, dass sie sich entspannen. Und wenn ein Latte macchiato mit Schokoladenkaffeebohne meinen Teilnehmer entspannt, weil dies auf seiner Was-entspannt-mich-Liste steht, dann bin ich definitiv dafür.

MEHR ABERGLAUBEN. UND DAS HAT AUCH NICHTS MIT DEM ABER AUS DEM LETZTEN KAPITEL ZU TUN

Da wir nun geklärt haben, dass die Stimme in der Luftröhre ist, dürfte auch klar sein, dass Milch mit Honig keine Heiserkeit kuriert. Es kann gut sein, dass Sie damit dem Hals oberhalb der Speiseröhre helfen, weil die Wärme Sie entspannt, aber an die Stimme kommt die Milch nicht heran. Sie erreichen die Stimme nur über die Luft. Wenn Sie ihr etwas Gutes tun möchten, dann gehen Sie an die frische Luft, atmen Sie den Duft von frisch aufgekochten Salbeiblättern ein, und vermeiden Sie es zu rauchen. Rauchen, räuspern und flüstern sind so ungefähr das Schädlichste, was Sie Ihrer Stimme antun können. Was hilft, ist Schweigen. Nicht reden. Meinetwegen tagelang. Das schont die Stimme, weil sie dann nicht genutzt wird.

Natürlich hilft es auch, wenn Sie viel frisch gekochtes Ingwer-Kurkuma-Zitronen-Wasser trinken. Doch das hilft im ersten Schritt allgemein Ihrem Immunsystem und erst im zweiten Schritt – auf indirektem Wege – der Stimme. Alles, was Ihrem Körper guttut, hilft auch der Stimme. Daher sehen Stimmtipps häufig aus wie eine To-do-Liste für ein gesundes Leben[11]: viel Wasser trinken, ausreichend schlafen, vor Krankheiten schützen, gesunde Ernährung, auf den Körper hören und ihn fit halten, Bewegung an der frischen Luft, keine überheizten Räume, regelmäßig lüften, Entspannung und so weiter.

Was mich immer wieder ärgert, sind Lutschbonbons, die vor Stimmverlust schützen sollen. Für einen Hersteller sollte ich mal einen Vortrag halten und somit indirekt Werbung für sein Produkt machen. Das habe ich abgelehnt und stehe dort seitdem auf der schwarzen Liste. Vor kurzem wurde ich dem Unternehmen von einer Marketingagentur wieder als Rednerin angeboten, doch das wurde sofort brüsk abgelehnt, weil man mit mir nichts zu tun haben wolle. Das ist okay. Gilt anders herum genauso. Merken Sie sich: Nichts, was Sie lutschen oder trinken oder essen kommt auf direktem Wege an Ihre Stimme heran. Es kann sein, dass es Ihnen guttut, Sie sich damit wohler fühlen, dass sich Ihr Rachenraum besser anfühlt und somit indirekt der Stimmklang beeinflusst wird, doch Heiserkeit und Stimmverlust können damit nicht vorgebeugt werden. Das ist schlicht und ergreifend wissenschaftlich nicht haltbar.

Bei vielen wirkt es sich auch ungünstig aus, direkt vor einem Vortrag oder einem wichtigen Telefonat etwas zu essen. Warum?

Weil es häufig zu deutlich mehr Speichelfluss führt. Ich habe zum Beispiel früher während meiner Radiosendungen selten etwas gegessen. Denn wenn ich es gemacht habe, dann war das Ergebnis zu viel Speichel, zu viel Schmatzen, zu viel eklig.

#BESSERSPRECHERTIPPS

1. In einem gesunden Körper wohnt nicht nur ein gesunder Geist, sondern auch eine gesunde Stimme. Somit hilft es indirekt auch der Stimme, wenn Sie ausreichend stilles Wasser trinken, auch wenn das Wasser nicht auf direktem Wege den Wasserspeicher in den Stimmlippen auffüllt.

2. Milch mit Honig bringt einer angekratzten Stimme erst einmal nichts, aber die Wärme tut vielen gut. Denn Wärme entspannt. Und wenn Sie die warme Milch in der Speiseröhre heruntertrinken, die unmittelbar an die Luftröhre andockt, dann spüren Sie die wohltuende Wärme auch in der Luftröhre. Beim Kamillentee (oder noch besser Salbeitee) hilft darüber hinaus noch der Duft, den Sie einatmen.

3. Alles, was Sie einatmen, kommt an den Stimmbändern und Stimmlippen vorbei. Wenn Sie also vor dem Trinken am Tee schnuppern, dann hilft auch dies. Noch effektiver wäre dann allerdings eine Schüssel mit frischem Salbei, kochendes Wasser drüber, Kopf auch und mit einem Handtuch alles abdecken. Wenn Sie so intensiv den beruhigenden Salbeidampf einatmen, tut dies der Stimme gut.

4. Glauben Sie bitte nicht blind irgendwelche Versprechungen aus der Werbebranche. Gerade in der kalten Jahreszeit werden Sie überall mit Werbebotschaften beschallt: »Lutschen Sie regelmäßig unsere Halsbonbons, und Sie werden nie wieder unter Heiserkeit und Stimmverlust neigen.« Albern. Wobei auch hier natürlich ein Bonbon an sich dem Wohlbefinden helfen kann. Wenn Sie etwas lutschen, dann schlucken Sie häufiger und befeuchten somit regelmäßig den Rachenraum. Das fühlt sich definitiv besser an als ein rauer Hals.

5. Was hilft am effektivsten gegen Heiserkeit? Klappe halten. Nichts sagen. Und damit meine ich NICHTS. Kein Flüstern, kein Räuspern, kein Murmeln: nichts. Schonen Sie die Stimme. Wenn Sie nur noch wenig Zeit haben, um die Stimme wieder fit zu bekommen, ist dies die beste Maßnahme. Darüber hinaus helfen: #wärme #schal #heißegetränke #durchdienaseatmen #wenigerrauchen #salbeiundkamilleinhalieren #ausreichendluftfeuchtigkeit

---

I »Meine 3 wichtigsten Tipps für eine fitte Stimme (die W.A.P.-Methode)«, Internetartikel von Andrea Husak, 15.09.2014, Link: https://andreahusak.de/2014/09/meine-3-wichtigsten-tipps-fuer-eine-fitte-stimme/

II »Wie du deine Stimme gesund halten kannst«, Internetartikel von Jessica Pawlitzki, 03.10.2016, Link: https://jp-popgesang.de/stimmpflege/wie-du-deine-stimme-gesund-halten-kannst.html

11

#siebenprozent

MYTHOS

Sie überzeugen nur mit 7 Prozent über den Inhalt.

Warum Taten manchmal mehr als Worte zählen, das Nonverbale das Verbale übertrumpft und die innere Haltung Ihnen ein Bein stellen kann.

ICH HABE DIESEN MYTHOS auch verbreitet. Vor gut zehn Jahren habe ich selbst noch behauptet, dass das Wie zu 93 Prozent für die Überzeugungskraft zuständig ist und das Was nur zu 7 Prozent[I]. Mit anderen Worten: Die nonverbale Kommunikation sei viel entscheidender als die verbale. Die Art, wie ich mit meiner Körpersprache, Mimik und Stimme meine Worte verkaufe, spiele eine größere Rolle als der Inhalt meiner Worte. Diese Fehlinformation lag in meiner Verantwortung. Ich habe damals nicht ausreichend recherchiert.

Es geht um eine Studie von Professor Albert Mehrabian aus dem Jahr 1968. Eine missverstandene Studie, wie er selbst in einem Radiointerview gesagt hat. 2009 sprach er in der BBC davon: »Meine Studie wird ständig fehlinterpretiert, und eigentlich sollte es für jeden, der einen Hauch gesunden Menschenverstand besitzt, offensichtlich sein, dass die Aussage so nicht korrekt ist.«[II] Mehrabian hat danach noch lange gearbeitet, bevor er in Rente ging, und empfindet viele seiner neueren Arbeiten als viel bedeutsamer als diese eine Studie, die ständig zitiert wird. Der Radiomoderator brachte es dann schön auf den Punkt: »Das Problem an der Sache ist allerdings, dass die Untersuchungen, auf die Sie so stolz sind, viel detaillierter und anspruchsvoller sind. Die können nicht in einer dämlichen, total missverstandenen Statistik à la ›93 Prozent der Kommunikation ist nonverbal‹ zusammengefasst werden.«

Zwischen der Studie und dem BBC Interview lagen 41 Jahre. Zwischen dem Interview und heute liegen weitere 9 Jahre. 50 Jahre lang wird diese Studie schon falsch weitergegeben.

Mittlerweile könnte es jeder wissen. Doch ich lese davon immer noch ständig, höre es in Vorträgen und erfahre, dass es in Trainings beigebracht wird. Ich könnte mir auch vorstellen, woran das liegt. Diese fehlerhafte Interpretation bietet eine Daseinsberechtigung für die komplette Kommunikationsszene. Denn es gibt Kommunikationstrainer, die stellen sich hin und sagen: »Wie Sie wissen, lieber Seminarteilnehmer, ist das, was Sie sagen, nur 7 Prozent wert. Mit anderen Worten: nichts. Erst wenn Sie von mir lernen, wie Sie die Stimme, die Mimik und die Körpersprache richtig einsetzen, wird die Welt da draußen Ihre Inhalte überhaupt erst wahrnehmen.«

Als ich vor zehn Jahren dieses falsch interpretierte Studienergebnis auch noch immer wieder anführte, haben mich zwar die mageren 7 Prozent irritiert, aber natürlich war diese Studie ein tolles Verkaufsargument für meine Seminare und Bücher. Besser ging es kaum. Ich habe mittlerweile schon so vielen Kollegen gesagt, dass dieses Studienergebnis, so einfach heruntergebrochen, nicht stimmt. Und einer hat mir mal unter vier Augen verraten: »Ja, ich weiß, dass die Studie nicht stimmt. Aber weißt du was? Sie klingt einfach gut. Und deswegen benutze ich sie weiterhin.«

Wie lief die Studie von Mehrabian ab? Er ließ Redner diverse Wörter vorlesen. Positive Wörter wie zum Beispiel »Danke, Honig, großartig und Liebe«, neutrale Wörter wie »vielleicht, wirklich, also und was« und auch negative Wörter wie »nicht, herb, schrecklich, nein und verschwinde«. Dabei kam heraus, dass die Zuhörer bei diesen emotionalen Begriffen viel eher auf den Tonfall, die Mimik und die Körpersprache achteten. Was kein Wunder ist. Stellen Sie sich mal vor, dass jetzt Ihr Partner ins Büro gestürmt kommt und sie wütend anbrüllt: »Ich liebe dich!!!« Was meinen Sie? Wie viel Wert würden Sie auf den Inhalt legen? Wohl eher weniger. In diesem besonderen Fall, wo einzelne Worte vorgelesen wurden, kam heraus, dass der Inhalt nur zu 7 Prozent eine Rolle spielt, die Stimme zu 38 Prozent und die Körpersprache zu 55 Prozent. Diese Zahlen könnten grob bei emotionalen Aussagen zutreffen. Aber natürlich nicht bei sachlichen Zusammenhängen. Wie Mehrabian selbst im BBC-Interview sagte, wäre es total albern, wenn er versuchen würde, nonverbal zu erklären, dass sich ein Paket im ersten Stock des Hauses, im Schlafzimmer, in der Kommode, in der dritten Schublade von oben befindet. Da spielt diese verbale Information natürlich eine deutlich größere Rolle als 7 Prozent.

Im Laufe dieser 50 Jahre wurde diese Studie schon zu allem Möglichen herangezogen, um die eigene Wichtigkeit mit einer »Studie« zu hinterlegen. Zum Beispiel habe ich mal bei einem Bekleidungsunternehmen interne Trainer ausgebildet. Ein Jahr vorher war dort eine Stilberaterin, die behauptet hatte, dass die 55 Prozent ja nicht nur Körpersprache umfassten, sondern hauptsächlich »Bekleidung und Körpersprache«. Ohne einen vernünftigen Kleidungsstil könne mal also nicht überzeugend reden, stand es auf ihren Seminarunterlagen.

Etwa zum selben Zeitraum wurde ich von einer Trainerin gebeten, an ihrem Seminar teilzunehmen, um ihr hinterher Feedback zu geben. Sie sprach auch von dieser besagten Studie und schrieb an das Flipchart: »7 Prozent Inhalt, 33 Prozent Stimme, 55 Prozent Körpersprache und 5 Prozent Sonstiges«. Ich fragte sie hinterher, was sich hinter »Sonstiges« verbirgt. Da sagte sie mir ehrlich: »Keine Ahnung, aber ich wollte die 100 Prozent voll machen«. Sie hatte diese Zahlen irgendwo abgeschrieben, sich bei den 38 Prozent vertippt, die Differenz gemerkt, sich dann Sonstiges ausgedacht und diese »Studie« dann trotzdem unterrichtet.

In der Kommunikationsbranche wird das Ergebnis der Mehrabian-Studie auch gerne liebevoll die »Postleitzahl« genannt: 73855. Doch diese Postleitzahl gilt nur bei einzelnen Wörtern, wenn diese nicht mit der Stimme des Redners übereinstimmen. Wenn also »verschwinde« liebevoll gesagt wird oder »Liebe« verächtlich durch die Zähne gezischt wird. Es wurden keine zusammenhängenden Sätze getestet, keine kompletten Vorträge, keine stammelnden hochintelligenten Professoren, denen wir definitiv lauschen, weil uns in dem Fall der Inhalt wichtiger ist als die introvertiert zurückhaltende Vortragsweise.

STUDIEREN GEHT ÜBER STUDIEN

Was halte ich nun von dieser Mehrabian-Studie? Ich denke, dass die Art, wie wir reden, eine große Rolle spielt. Und das gilt für emotionale Gespräche noch viel mehr als für Fachvorträge. Ich sage mittlerweile gerne, dass sich das Wie und das Was grob die Waage halten. Bei manchen Schaumschlägern überwiegt das Wie. Bei manchen stotternden Richtern das Was.

Meine Erfahrung ist, dass sich die innere Haltung und die mentale Herangehensweise sehr stark auf die Überzeugungskraft auswirken. Manche nennen es auch den Subtext. Ich habe im Kapitel 7 (#tiefestimme) schon auf den Dominoeffekt hingewiesen. Stellen Sie sich Folgendes vor: Sie haben eine Freundin, die ständig umzieht und von einem Umzug zum nächsten chaotischer wird. Sie haben sich mal wieder angeboten, ein paar Umzugskisten zu schleppen, aber vorgewarnt, dass Sie es nur machen, wenn auch wirklich alles gut vorbereitet ist. Ihre Freundin verspricht es hoch und heilig, doch am Morgen des Umzugstages ist noch keine einzige Kiste gepackt. Sie sind sauer. Wollen es aber nicht zeigen, lächeln, klatschen aufmunternd in die Hände und fangen an, das Geschirr in Zeitungspapier zu wickeln. Den kompletten Tag sind Sie mit Einpacken, Tragen und Auspacken beschäftigt. Innerlich sind Sie stinkwütend, zeigen es aber nicht nach außen. Ihr Lächeln hält, die Worte sind liebevoll gewählt und Sie helfen fleißig mit. Doch am Ende des Tages könnte es sein, dass Ihre Freundin sagt: »Irgendetwas stimmt mit dir nicht. Es macht gerade keinen Spaß mit dir.«

Das ist dann wahrscheinlich der Moment, wo Sie explodieren: »Geht's noch? Ich bin den ganzen Tag fröhlich, helfe dir gerne und packe überall mit an, und nun meinst du, dass es mit mir keinen Spaß machen würde?« Sie sind zu Recht wütend und enttäuscht. Und trotzdem stimmt das Bauchgefühl Ihrer Freundin. Denn die Fröhlichkeit war nicht echt und die Hilfsbereitschaft gespielt. Beides entsprach nicht Ihrer inneren Haltung, und die legt sich wie ein emotionaler Film über alles, was Sie sagen und machen. Ihre Freundin merkt, dass etwas nicht stimmt, weil Sie in Ihrem Auftreten nicht stimmig sind.

Den Satz »Taten zählen mehr als Worte« haben wir schon ganz oft ausgesprochen. Und ich messe mein Umfeld auch mehr an seinen Taten als an seinen Worten. Doch noch wichtiger ist mir, dass mein Bauchgefühl nicht grummelt. Dass sich die Taten für mich stimmig anfühlen und nicht wie bei der Umzugsgeschichte die Taten großartig sind, doch die Freundin sich intuitiv nicht wohlfühlt. Jetzt können Sie sich denken: »Wie? Ich soll der unfähigen Freundin helfen, die sich nicht an Versprechen hält, und mich dabei auch noch innerlich großartig fühlen?« Nein. Das müssen Sie nicht. Doch wundern Sie sich dann nicht, dass Sie hinterher noch verbal einen eingeschenkt bekommen, weil Ihr eingefrorenes Lächeln Ihnen nicht abgekauft wurde. Ehrlich wäre es gewesen, die Freundin allein zu lassen und dann eben nicht zu helfen. Stimmig wäre es gewesen, wenn Sie deutlich gesagt hätten, dass Sie das doof finden und sich den ganzen Tag Ihre innere miese Stimmung auf dem Gesicht widergespiegelt hätte. Oder Sie hätten es geschafft, sich von der Enttäuschung innerlich zu distanzieren und wirklich Spaß an dem Umzug zu haben. Was auch immer Sie machen, es ist für Sie und andere am einfachsten, wenn Sie in sich stimmig sind und so auch nach außen wirken.

Während ich dieses Buch schrieb, spielte die deutsche Fußballnationalmannschaft bei der WM in Russland. Und zu Hause vor den Fernsehern saßen zig Fußballprofis, die gerne die innere Einstellung monierten: »Logisch, dass wir verloren haben. Hast du gesehen, wie die vorher auf den Platz gegangen sind? Die waren gar nicht richtig auf Sieg programmiert.« Beim

Sport sehen wir die vermeintliche mentale Fehlerquelle sofort und zeigen gerne mit dem Finger drauf. Ebenso wenn bei einer fülligen Person mit einigen Kilos zu viel der Abnahmewille nicht zum Abnahmeerfolg führt. Dann wissen wir schnell: »Na ja, er wollte ja nur wegen seiner Ex abnehmen. So kann das ja nichts werden, wenn man es nicht für sich macht.« Die Analysen sind schnell gemacht. Und häufig sehen wir selbst als Laie, dass die innere Haltung hier für eine schwache Performance verantwortlich war.

Doch was erlebe ich immer wieder in deutschen Unternehmen? »Oh Mann, ich muss jetzt in dieses Meeting mit den ganzen Schwachmaten. Ein Gehirnamputierter neben dem anderen.« Kaum sind die Worte aus dem Mund geflutscht, wird sich schon der Kaffee geschnappt, die äußere Haltung überprüft, das Lächeln aufgesetzt und der Konferenzraum betreten. Was ist da mit der inneren Haltung? Was ist mit der wichtigen Augenhöhe, die ich schon in Kapitel 5 (#pacingundleading) erwähnt habe? Wenn das Meeting dann nicht konstruktiv verläuft, dann könnte es an der eben noch prognostizierten mangelnden Intelligenz liegen oder an der selbsterfüllenden Prophezeiung. Sie haben diesem Meeting doch von Anfang an keine Chance gegeben, weil die innere Einstellung häufig den Worten, dem Lächeln, der Körpersprache einen bitteren Beigeschmack verleiht. Das ist zwar meistens im ersten Schritt vom Gegenüber nicht greifbar, aber deutlich vom berühmten Bauchgefühl zu spüren.

Wenn ich Führungskräfte über einen längeren Zeitraum begleite, dann lege ich meinen Fokus auf diese innere Haltung. Die Stimme, Mimik, Körpersprache folgen fast automatisch der inneren Haltung, und das Ergebnis ist dann meistens stimmig. Es wird gerne behauptet, dass ein Fuß, der vom Gesprächspartner weg zeigt, die Fluchtrichtung vorgibt. Ab und an stimmt das auch. Vielleicht will ich nicht mehr reden, wende mich schon halb ab, der Fuß deutet schon zur Tür, aber eine erneute Frage hält mich auf. Der Wunsch zu gehen ist stark, der Fuß deutet es schon an, das Gesicht bleibt noch halbherzig im Gespräch haften. Wenn Sie allerdings Spaß am Gespräch haben, sich wohlfühlen, lachen, scherzen, aufgeregt diskutieren, dann wird es erstens vielleicht gar nicht passieren, dass Ihr Fuß in Richtung Tür zeigt, und zweitens würde es niemand als Fluchtgeste werten, falls Ihre Fußspitze doch in diese Richtung rutscht.

#BESSERSPRECHERTIPPS

1. Bei emotionalen Gesprächen spielen die Tonlage, Mimik und Körpersprache eine größere Rolle als bei sachlichen Gesprächen.

2. Wenn die Stimme, Mimik oder Körpersprache (nonverbal) etwas ganz anderes ausdrücken als der Inhalt (verbal), dann wird häufig eher den nonverbalen Signalen geglaubt. Dies wird Ihnen nicht so leicht passieren, wenn Sie den Dominoeffekt mental anstoßen, wie in Kapitel 7 (#tiefestimme) beschrieben.

3. Wenn Sie merken, dass Sie gerade aufgebracht sind, dann halten Sie sich vor Augen, dass dies Ihre Inhalte stark beeinflusst. Verschieben Sie lieber das Meeting und gehen Sie eine Runde spazieren. Legen Sie eine Pause ein. Kommen Sie runter. Und starten Sie die Diskussion erneut, wenn Sie mental besser aufgestellt sind.

4. Lästern Sie weniger. Wenn Sie sich an die Lawine oder den Dominoeffekt aus Kapitel 7 (#tiefestimme) erinnern, dann hat das einen Effekt auf Ihren Körper. Wenn Sie denken »blöde Kuh«, dann wirkt sich dieses zweifelhafte Kompliment in Ihrem Körper aus, während es der »blöden Kuh« großartig geht. Oder wenn Sie mal hinterm Rücken »schwachmatischer Einzeller« denken,

dann entwickelt sich dieses Bild in Ihnen, so wie der weiße Elefant in rosa Stiefeln, doch den »schwachmatischen Einzeller« juckt dies wenig. Damit meine ich nicht, dass Sie nie wieder lästern sollen und nur noch positiv denken, doch wie wäre es, wenn Sie zumindest vor einem wichtigen Gespräch nicht schlecht über Ihren Gesprächspartner reden?

Visualisieren Sie das Ergebnis, das Sie gerne hätten. Um den Dominoeffekt optimal zu nutzen, können Sie sich vor einem wichtigen Gespräch oder einer entscheidenden Präsentation vorstellen, dass alles schon hinter Ihnen liegt und großartig gelaufen ist. Stellen Sie sich vor, wie begeistert Ihre Zuhörer waren und wie wohl sie sich gefühlt haben. Ob mit offenen oder geschlossenen Augen: Stellen Sie sich vor, wie glücklich Sie sind, dass es so gut gelaufen ist. Das können Sie vor diesem Gespräch, Meeting oder der Präsentation ruhig alle halbe Stunde machen. Das Visualisieren dauert nämlich noch nicht einmal eine Minute. Kurz vor dem Reingehen visualisieren Sie es noch einmal und gehen dadurch mit einer ganz anderen Stimmung in diese Gesprächssituation.

I »After Mehrabian: Nonverbal communication research«, Internetartikel von Olivia Mitchell, Speaking about Presenting, 18.08.2009, Link: https://speakingaboutpresenting.com/presentation-myths/research-nonverbal-communication/

II BBC Radio 4, Interview mit Tim Harford und Albert Mehrabian, 14.08.2009, Link: https://www.bbc.co.uk/programmes/boolyvz9

12

#präsentationszahlen

MYTHOS

Sie merken sich Inhalte nur zu 10 Prozent, wenn Sie etwas lesen, zu 20 Prozent, wenn Sie etwas hören, und zu 30 Prozent, wenn Sie etwas sehen.

Warum es schlau ist, mehrere Sinneskanäle anzusprechen, die unterschiedlichen Lerntypen ein Mythos sind und Vorträge auch ohne Powerpoint-Folien funktionieren und merk-würdig sind.

»HUCH? WAS IST DAS DENN?« – Es ist eines meiner ersten Seminare für Nachwuchsführungskräfte, und ich stehe im Übungsraum vor einem Flipchart. Darüber hängt eine handschriftliche Tabelle vom Trainer, mit der sie schon drei Tage gearbeitet haben: »Wie viel bleibt in Erinnerung: 10 Prozent lesen, 20 Prozent hören, 30 Prozent sehen, 50 Prozent sehen und hören, 70 Prozent selbst sagen und 90 Prozent selbst ausführen.«[1] – Ich schaue neugierig zu den Teilnehmern, die gemütlich ihren ersten Kaffee schlürfen: »Wofür ist diese Tabelle? Was war das für ein Training gestern?« – »Es war ein Präsentationstraining, und uns wurde erklärt, wie wichtig eine Powerpoint-Präsentation ist, damit unsere Zuhörer selbst lesen können, zusätzlich hören, was wir sagen, und Grafiken sehen.« – »Und wie bekommen Sie es hin, dass Ihre Zuhörer selbst etwas sagen?« – »Indem wir sie einzelne Wörter nachsprechen lassen.«

Diese »Studie« ist somit unter anderem ein Grund dafür, dass Vortragsredner ihr Publikum ständig Worte wiederholen oder Geräusche zischen lassen, wie ich es schon in Kapitel 8 (#armeheben) erwähnt habe. Ich konnte mit diesen Zahlen, vor allem im Zusammenhang mit Powerpoint-Präsentationen, von Anfang an nichts anfangen. Es widersprach und widerspricht all meinen Erfahrungen, denn wenn ich einen Vortrag halte, stehe ich meistens komplett ohne Powerpoint-Präsentation auf der Bühne. Es gibt nur mich und das Publikum und unseren Dialog. Erst seit 2018 habe ich bei einem Vortrag eine Powerpoint-Präsentation mit eingebaut, die insgesamt nur fünf

Folien hat. Trotzdem bekomme ich nach meinen Vorträgen das Feedback, dass sich meine Zuhörer selbst nach Jahren noch an meine Inhalte erinnern können. Und nicht an einen Aspekt, sondern an zwei, drei, vier oder sogar deutlich mehr.

Es könnte daran liegen, dass ich in meinen Vorträgen immer wieder Geschichten mit lebhaften Bildern einbaue. Meine Zuhörer hören also meine Stimme, sehen mir zu, wie ich eine Situation vorspiele, und verbinden meine gesagten Bilder mit ihren eigenen Emotionen. Dafür braucht man kein Bild über einen Beamer an die Wand zu werfen. Wenn Sie bildhaft sprechen, kommen die Bilder genauso an, weil Ihre Zuhörer die Bilder vor ihrem inneren Auge sehen, mit eigenen inneren Bildern verknüpfen und dadurch den Merkprozess verstärken.

Jetzt könnte es natürlich sein, dass ich diese Rückmeldungen nur von Zuhörern bekommen habe, die eher über das Hören lernen. Offiziell soll es ja unterschiedliche Lerntypen geben. Manche wollen lieber etwas hören, um es zu verstehen oder sich zu merken. Manche wollen es sehen, manche wollen es anfassen oder zumindest aufschreiben, die sind also haptisch veranlagt, und dann gibt es noch die kommunikativen Lerntypen, welche die Diskussionsrunde am Ende brauchen, damit sie sich die Inhalte besser merken können.

Diese unterschiedlichen Lerntypen wurden vom Neurobiologen Henning Beck zerpflückt.[11] Er meint, dass wir alle gleich lernen. Kein einziges wissenschaftliches Experiment konnte diese Lerntypen bestätigen. Bilder behalten alle am besten, unabhängig davon, was für ein vermeintlicher Lerntyp Sie sind. Wenn allerdings jemand denkt, er wäre ein visueller Lerntyp und nun nur noch auf diese Art und Weise lernt, dann bildet er dort neue Synapsen, und irgendwann wird er tatsächlich nicht mehr in der Lage sein, auditiv, also hörend, besonders gut zu lernen. Und das liegt dann nicht am Gehirn, sondern daran, was und wie er tagtäglich geübt und gelernt hat.

Sie beeinflussen Ihr Gehirn durch Ihr Verhalten und Ihr Denken. Dies ist einer der Gründe, warum ich so gegen das

Schubladen- und Schwarz-Weiß-Denken bin. Mit »so bin ich eben, und so ist das eben« limitieren Sie sich und auch andere. Ich bin zwar ein Freund davon, sich selbst bewusst wahrzunehmen, nur bitte unter Berücksichtigung einer Grauzone, die sich verändern darf. Ihr jetziges Verhalten ist nicht für alle Zeit festgelegt, die Reaktion Ihrer Zuhörer ebenfalls nicht und die Art, wie Sie denken und lernen, schon gar nicht. Natürlich ist es einfacher, wenn ich Sie stets auf dem Sinneskanal anspreche, den Sie am liebsten haben, sei es mit Worten oder Körpersprache. Doch wenn das alle machen, kann es sein, dass Sie irgendwann gar nicht mehr anders lernen können. (Falls Sie ein Kind haben, dann packen Sie es nicht vorschnell in eine Schublade, sondern fördern Sie alle Sinneskanäle und alle Lerntypen.)

Aus diesen vielen Regeln und vermeintlichen Studien wird aus Vorträgen heutzutage häufig eine komplizierte Wissenschaft gemacht. Ständig wird versucht, alle Sinneskanäle anzusprechen, jeden Lerntyp abzuholen und auch jeden Kommunikationstyp: den roten, blauen, grünen und gelben (mehr dazu in Kapitel 18 #kommunikationstypen). Da wird nicht einfach mehr drauflosgeplappert, sondern vorher ganz genau überlegt, was wann wie gesagt wird. Wenn Sie sich diese Arbeit machen, weil Sie respektvoll mit Ihrem Publikum umgehen möchten und den Wunsch haben, ihm das Lernen zu erleichtern und ein gutes Gefühl zu geben, dann finde ich das großartig. Wenn Sie es nur machen, um egoistische Ziele nach mehr Status, Macht und Geld zu erreichen, dann bin ich dagegen. Als dritte Gruppe möchte ich nicht die unerwähnt lassen, die sich an die Regeln einfach nur halten, weil es sie gibt. Und die sich noch nie ernsthaft damit beschäftigt haben, ob diese Regeln für sie persönlich auch sinnvoll sind.

Um Ihnen den Unterschied zu verdeutlichen: Wenn Sie als Vortragsredner von der großen Bühne aus mit Meditationen und Visualisierungen arbeiten, die tief in der Psyche andocken, dann gilt es vorsichtig und sehr achtsam zu sein. Sie wissen ja nie, wer von den vielen Zuhörern vielleicht ein Trauma erlebt hat, mit inneren Blockaden kämpft oder aktuell einen Menschen verloren hat. Es ist also wichtig, dies ganz allgemein zu halten und nur vertretbare Bilder zu erzeugen. Selbst bei meinen Vorträgen verliere ich manchmal die Aufmerksamkeit einzelner Zuhörer, weil ich etwas anspreche, was an eine aktuelle Verletzung erinnert. Manchmal erzähle ich die fiktive Geschichte über einen Mann, der seine Dogge Fiffi genannt hat, und diese Dogge wäre nun gestorben. Ich erzähle diese Geschichte auf so eine lustige, leichte Art und Weise, dass normalerweise niemand den Tod des erfundenen Hundes als Drama empfindet. Doch einmal saß ein Mann im Publikum, der gerade ein paar Tage zuvor seinen Hund einschläfern lassen musste. Natürlich konnte er sich danach nicht mehr auf meinen restlichen Vortrag konzentrieren, sondern war mit seiner Trauer beschäftigt. So etwas passiert also schon bei Vorträgen, wo nur geredet wird.

Wenn Sie allerdings eine Trance in Form einer Visualisierung oder Gruppenmeditation anstoßen, dann geht das tiefer, und Sie können die Zuhörer im positiven Sinne noch tiefer berühren, aber eben auch im negativen Sinne etwas wachrütteln, dass man in so einem ungeschützten Raum zwischen vielen Menschen, ohne persönliche Nachbetreuung, nicht auffangen kann.

Ich habe schon einige wunderschöne Trance-Einheiten von der Bühne erlebt mit Rednern, die unglaublich respektvoll mit dem Publikum und der Situation umgegangen sind. Und dann erlebe ich immer mal wieder, dass von der Bühne aus gesagt wird »Umarmen Sie Ihr inneres Kind«, was für viele Menschen eine sehr emotionale Übung ist. Während dann bei der Mehrzahl der Zuschauer die Tränen langsam die Wangen herunterkullern, wird von vorne mit der Kamera draufgehalten, weil dies natürlich schöne Werbefilme ergibt. Und nachdem die Videosequenzen im Kasten sind, wird die Übung beendet, und die Zuhörer werden mit diesem Gefühl alleingelassen. Sich auf sein eigenes inneres Kind einzulassen, ist eine sehr sensible Arbeit. Je nach Vorgeschichte sollte diese Reise bei einigen

Menschen nie angetreten werden und bei den meisten nur in einem kleinen, geschützten Rahmen, wo danach alles aufgearbeitet werden kann, was diese Übung ausgelöst hat. So etwas von der Bühne aus zu machen, nur um sich selbst zu beweisen, dass man das Publikum zum Weinen bringen kann, ist verantwortungslos.

ES WAR EINMAL: MÄRCHEN, MYTHEN UND GESCHICHTEN

Apropos Verantwortung: Die übernimmt bei dieser vermeintlichen Studie auch keiner. Einige Experten aus den USA versuchen schon eine Weile herauszufinden, von wem diese Studie eigentlich ist. Es scheint eine wilde Geschichte zu sein. Angeblich soll es mal einen Trainer gegeben haben, der Kurse für die Ölindustrie abhielt und diese Zahlen 1940 zum ersten Mal erwähnt haben soll. Angeblich soll dann ein anderer Trainer die Zahlen verfeinert und 1967 zum ersten Mal veröffentlicht haben.[III] Ohne Quellenangabe. Eine seriöse Studie geht anders. Was offenbar viele Trainer nicht interessiert, weil die Zahlen – ähnlich wie bei Mehrabian (Kapitel 11 #siebenprozent) – so schön einfach sind, werden sie weitererzählt und weitererzählt und weitererzählt. Wie ein Märchen. Mit dem Unterschied, dass dieses Märchen eine »Studie« sein soll, wobei es anscheinend kaum jemanden stört, dass es dazu keine Quellenangabe gibt. 2012 war ich in den USA zu einem Treffen der National Speakers Association in Indianapolis, wo es einen Workshop zum Thema Ethik gab. Alle möglichen Studien – unter anderem diese Prozentzahlen – wurden als Blödsinn verurteilt, und die anwesenden Vortragsredner wurden gebeten, doch die Macht auf der Bühne nicht zu missbrauchen, um Geschichten zu erzählen, die zwar toll klingen, aber weder der Wahrheit entsprechen noch dem Publikum helfen.

Dieser Ethikansatz wird auf unseren deutschen Bühnen leider noch nicht so konsequent gelebt. Von vielen ja und von vielen nicht. Wir können andere Menschen nicht ändern, deswegen spiele ich Ihnen den Ball zu: Werden Sie bitte skeptisch, wenn Ihnen eine Studie vor die Nase gehalten wird, bei der die Quellenangabe fehlt. Das ist natürlich ein zweischneidiges Schwert. Denn wenn Sie viel Geld für ein Training oder einen Vortrag ausgeben, dann möchten Sie dem Experten glauben. Bei den 38 Prozent aus Kapitel 1 (#armeverschränken) wird ja sogar auf ein Autorenehepaar verwiesen. Die wiederum nennen eine Studie, die es dann gar nicht gegeben hat. Sie müssten schon bei allen möglichen Regeln tief graben, um die Korrektheit zu überprüfen. Die Frage ist dann, warum wir uns noch Experten anhören sollen, wenn wir hinterher dann die Recherchearbeit selbst übernehmen. Die Antwort lautet: Wir wollen Menschen glauben. Wir hoffen, dass diese Experten die Vorarbeit gemacht haben. Dass sie wirklich wissen, wovon und worüber sie reden. Das ist aber leider manchmal nicht der Fall, weil die gut klingenden einfachen Zahlen viel prägnanter sind als die manchmal schwammigen Ergebnisse von realen Studien. Und weil es einfacher ist, etwas zu übernehmen, als selbst zu denken und zu recherchieren.

Mein Fazit ist nicht: Trauen Sie keinem mehr, der Ihnen mit Zahlen etwas belegen will, denn wir haben großartige Redner und Trainer in Deutschland, und viele arbeiten sehr verantwortungsbewusst und sehr genau. Bilden Sie sich weiterhin bei Experten fort, aber bleiben Sie stets wachsam, wenn eine Studie ohne Quellenangabe genannt wird. Und selbst wenn eine da ist, dann lassen Sie Ihr Bauchgefühl zu Wort kommen: Fühlt es sich logisch und glaubwürdig an oder nicht? Bei Aussagen, die zu sehr im schwarz-weißen Feld verankert sind, bin ich generell skeptisch.

Und mein Fazit ist auch nicht, dass die Grundidee der Studie Blödsinn ist, denn Psychologen, die sich mit den lerntheoretischen Bereichen der Verarbeitungstiefen auseinandersetzen, werden auch sagen, dass wir alle besser lernen, wenn wir die Inhalte über unterschiedliche Sinneskanäle wahrnehmen. Wie ein Kind, das sich einen Bauklotz nimmt, ihn anschaut, ableckt, schüttelt, reinbeißt und damit langsam aber sicher über alle Sinneskanäle erkundet. Auch in meinen Seminaren spielt es eine große Rolle, dass ich nicht nur rede, sondern auch aktive Übungsrunden einbaue, damit die Teilnehmer es selbst machen, fühlen und erleben, was ich ihnen erzähle.

Was bedeutet dies nun für Sie, wenn ich Ihnen diese schöne Zahlenkombination vom Anfang des Kapitels wegnehme, die so eine tolle Begründung für den Einsatz von Powerpoint-Folien ist? Sie reden entweder ohne Präsentation oder achten darauf, dass die Folie auch sinnvoll ist. Eine gute Folie hat ein Wort, ein Bild oder ein kurzes Zitat. Bitte löschen Sie alle Fließtexte auf der Folie. In solchen Momenten verlieren wir gerne mal das Publikum, weil die schneller lesen können als zuhören. Da werden die Worte überflogen, der Kopf wieder gesenkt und schnell auf den sozialen Medien gepostet, wie langweilig der Vortrag wäre. Wenn Sie allerdings nur Schlagwörter und Bilder an die Wand werfen, dann wartet das Publikum gespannt darauf, was Sie zu diesem Begriff sagen werden. Selbst vorlesen ist auch keine gute Lösung, weil die wenigsten auf das betreute Lesen stehen. Daher meine klare Bitte: Lesen Sie Folien nicht vor. Nur in Ausnahmefällen ein Zitat, wenn es Ihnen besonders am Herzen liegt und Sie die Betonung damit richtig transportieren möchten.

Der Vorteil ohne Powerpoint ist auch, dass bei einem Blackout niemand weiß, was Sie sagen wollten. Gerade für Anfänger ist dies ein großer Vorteil. Die verstecken sich gerne mal hinter professionell aufgearbeiteten Präsentationsfolien, und stolpern damit gleich in die zweite Falle, weil die gesagten Worte vielleicht noch nicht so formvollendet sind wie die Folien aus der Marketingabteilung. Häufig verlieren Redeanfänger den Kampf gegen die professionelle Präsentation. Abgesehen davon, zwingt eine große Leinwand Sie häufig, sich am Rand der Bühne zu platzieren, womit Sie deutlich zeigen, wer hier die Hauptrolle spielt. Kleiner Tipp: Sie sind es nicht.

Der Rhetorikprofi René Borbonus fragt seine Kunden gerne, ob die Folie ihre Aussage verstärkt. Schauen Sie sich mal Ihre einzelnen Folien an, und überlegen Sie: »Macht das meine Aussage stärker?« – Wenn nicht, dann löschen Sie die Folie und sprechen die Inhalte nur aus. Wenn die Folie allerdings Ihre Worte mit einem emotionalen Bild unterstreicht oder Sie eine Bilanz zeigen, die Sie natürlich nicht so leicht in Worte fassen könnten, dann bleibt die Folie drin. Es kommt stets auf Ihr Ziel an. Eine Budgetfreigabe werden Sie wahrscheinlich nicht mit ein paar netten Worten und ein paar Bildern bekommen. Da sind Fakten gefragt, und die gehören auf eine Folie, wenn sie Ihre Aussage stärker machen. Manchmal reicht es allerdings auch, diese Zahlen und Daten ins Handout zu packen.

Wenn ich schon beim Streichen bin, dann rate ich in meinen Trainings auch, das Datum, den Ort und die Überschriften von allen Folien zu löschen. So wenig Text wie möglich, so viel Gerüst wie nötig. Ihr Unternehmenslogo bleibt natürlich drauf und dann eben nur ein Schlagwort in der Mitte oder ein Bild oder ein kurzes Zitat. Streichen Sie alles, was von Ihren Hauptaussagen ablenkt. Und damit auch von Ihnen.

Bei einem Zitat: Denken Sie daran, dass Sie die Blicke Ihrer Zuhörer lenken, wie in Kapitel 2 (#wegschauen) beschrieben. Soll das Publikum Ihren Text lesen, dann drehen Sie sich seitlich und lesen Sie selbst in Ruhe das Zitat. Dadurch zeigen Sie deutlich, was Sie nun von den Zuhörern erwarten. Wenn Sie fertig sind, drehen Sie sich wieder zum Publikum, schauen es an und reden weiter.

Ob Sie nun klassische Powerpoint-Folien benutzen, eine Prezi mit mehr Animation erstellen oder sich einzelne Fotos auf dem Tablet abspeichern und jeweils auf die Grafik drücken, die Sie haben möchten, spielt keine Rolle. Sie entscheiden, womit Sie sich wohler fühlen. Sie können auch, so wie ich, komplett auf eine Medienunterstützung verzichten. Da die

Expertenmeinungen sich sehr unterscheiden, bleibt Ihnen nur die eigene Wahl. Womit fühlen Sie sich am wohlsten? Welche Technik passt wohl am besten zu Ihrem Publikum? Wofür Sie sich auch entscheiden: Sie spielen die Hauptrolle. Nicht die Präsentationstechnik.

#BESSERSPRECHERTIPPS

1. Mit Schwarz-Weiß-Denken werden Sie keine Bessersprecher. Bleiben Sie stets achtsam und nehmen Sie Ihr Gegenüber neugierig wahr. Es könnte sein, dass es ganz anders ist, denkt und reagiert als alle bisherigen Gesprächspartner. Es kann auch sein, dass es heute anders auf Ihren Humor reagiert als noch vor einer Stunde. Alles ist im Wandel. Wir schwimmen stets weiter im Strom der Erfahrungen, und dadurch ist es sinnentleert, sich eine Person zu schnappen, zu analysieren, in die entsprechende Schublade zu packen und dann auf immer und ewig so anzusprechen.

2. Passen Sie Ihre Kommunikationswege immer wieder an. Manchmal funktioniert ein Vortrag großartig, wenn Sie die Leute dazu bewegen, die Arme zu heben, und manchmal merken Sie schon nach dem ersten Dreierset an Fragen, dass die Zuhörer fluchtartig den Saal verlassen. Manchmal hängen Ihnen die Kunden bei einer Präsentation an den Lippen, wenn Sie alle Sinne und jeden Lerntyp gleichzeitig ansprechen, und ein anderes Mal kramen alle ihr Smartphone hervor oder schauen aus dem Fenster. Fragen Sie sich stets: »Was braucht mein Gegenüber, damit wir uns verstehen?«

3 Mehrere Sinne anzusprechen, ist schlau, weil Sie die Wahrscheinlichkeit erhöhen, dass Sie viele Zuhörer erreichen. Doch lassen Sie es nicht in eine Dauerbeschallung ausarten. Wenn wir bei einem Vortrag ständig Musik hören, einen Film sehen, danach der Redner einen Witz erzählt, das Publikum aktiv Worte mitspricht, aufsteht, klatscht, sich wieder setzt, dann ist das Maß irgendwann voll. Wenn Sie auf allen Sinneskanälen so viele Eindrücke wie möglich auf das Publikum feuern, dann wird dieses wahrscheinlich schnell müde und schaltet irgendwann ab, weil unser Gehirn ab einem gewissen Punkt durch die Überanstrengung müde wird. Dieses Phänomen kennen wir von großen Publikumsmessen: Wenn Sie dort einen Tag von einem Stand zum nächsten schlendern und jeder einzelne alle Sinne bespielt, dann sind Sie abends häufig viel erschlagener als nach einem normalen Arbeitstag im Büro. Nutzen Sie also auch hier die Überraschung: Nichts ist so toll, dass Sie es immer machen sollten, und nichts ist so schlimm, dass Sie es nie tun dürfen.

4 Nachteile beim Vortragen mit einer textlastigen, perfekten Powerpoint-Präsentation: #rednerwenigerformvollendetalsfolie #publikumliestselbst #betreuteslesen #wenigeraufmerksamkeit

5 Vorteile beim Präsentieren mit übersichtlichen Folien: #manchenneugierig #keinblackout #verstärkendieaussage #mehraufmerksamkeit #überraschung

6 Vorteile beim freien Sprechen ohne Folien: #rednerspielthauptrolle #mehraufmerksamkeit #mehrpräsenz #mehrüberraschung #machtneugierig #keinblackout

Wenn ich mir bei Präsentationstrainings in Unternehmen die Folien vorknöpfe und kräftig streiche, dann kommt oft der Einwand: »Aber das ist doch auch unser Handout. Wenn Sie alles streichen, dann können diejenigen, die nicht im Vortrag dabei waren, mit den Folien nichts anfangen.« Ich antworte dann gerne scherzeshalber, dass Ihr Computer die faszinierende Funktion hat, eine Datei zu dublizieren. Und genau das können Sie machen, um diese Problematik zu umgehen. Sie verdoppeln die Datei, speichern die eine als Handout ab und die andere als Präsentation. Beim Handout lassen Sie alle Fließtexte drin, und bei der Präsentationsdatei streichen Sie alles raus, was Ihre Aussage nicht stärker macht. Bitte auch das Deckblatt und die letzte Folie »Noch Fragen« oder »Vielen Dank für Ihre Aufmerksamkeit« löschen. Diese Folien machen definitiv keinen Vortrag stärker. »Aber die Zuschauer müssen doch wissen, worum es geht?« – Stimmt. Stellen Sie sich auf die Bühne, und sagen Sie es.

I »Dale – Cone of Experience or Learning Pyramid Theory – Misleading Quotes«, Internetartikel von Mike Morrison, »RAPIDBI«, 28.05.2016, Link: https://rapidbi.com/dale-cone-of-experience-misleading-quotes/

II »Hirnrissig – Die 20,5 größten Neuromythen« von Henning Beck, Goldmann Verlag, Neuauflage 2015

III »People remember 10%, 20% … Oh really?«, Internetartikel von Will Thalheimer, »Work-Learning Research«, 01.05.2006, Link: https://www.worklearning.com/2006/05/01/people_remember/

13

#hüftbreitstehen

MYTHOS

Mit einem hüftbreiten Stand wirken Sie selbstbewusster.

Warum Schuhe und Kleidung manchmal eine wichtige und manchmal gar keine Rolle spielen.

»WAS? DAS AUCH NOCH?« Ich schwinge leicht auf einem Trampolin, kreise währenddessen mit den Hüften und soll jetzt auch noch meine Arie singen. Vor mir steht mein Gesangslehrer, der mit mir daran arbeitet, dass ich meine Körpermitte beim Singen spüre und aktiv nutze. Als ich nach einigen Minuten vom Trampolin steige, spüre ich einen sehr sicheren Stand. Geerdet. Und beim klassischen Gesangsunterricht wurde mir auch genau das beigebracht. Hüftbreit das Gewicht auf beide Beine verlagern, damit sich die Stützmuskulatur auf die Stimme konzentrieren kann und nicht darauf, dass ich trotz schräger Haltung nicht hinfalle.

Das Trampolin war nur ein Mittel der Wahl, es folgte noch der Gymnastikball, auf dem ich saß und sang. Immer mit dem Ziel, dass ich meine Mitte finde und nicht die rechten Muskeln bei der Stimmerzeugung mehr arbeiten müssen als die linken. Diese Aussage hat sich so fest in mir verankert, dass ich beim klassischen Gesang gar nicht auf die Idee kommen würde, ein Bein voll zu belasten und das andere anzuwinkeln. Fast jeder klassische Sänger freut sich, wenn er im Stehen, mit einem guten, soliden, hüftbreiten Stand, eine Arie singen darf und nicht in einer sterbenden Rolle, halb auf dem Boden kniend.

In der Kommunikationsszene traf ich dann auch immer wieder auf diesen hüftbreiten Stand[1], der mir durchaus logisch erschien. Logisch: Ja. Praxisnah: Nein. Ich spiele gerne mal Flamingo und stehe zeitweise nur auf einem Bein. Wobei ich das andere nicht so weit hoch hebe, weil ich dafür bei meinen Yogaübungen noch fleißiger sein müsste. Es ist vielmehr so, dass ich mit dem vollen Gewicht auf einem Bein stehe und das andere anwinkle. Diese Position halte ich ein paar Minuten und verlagere dann das Gewicht auf das andere Bein. Ich mache das ganz ruhig und entspannt, weil dies mein persönlich bevorzugter Stand ist. Vor allem, wenn ich entspannt vor mich hin plaudere. Bei Trainings lehne ich mich gerne mal an die Wand, halte mich am Flipchart fest oder an der Stuhllehne oder stehe eben häufig mit dem Gewicht auf einem Bein.

Ich habe früher so viele Übungen mit dem Trampolin und dem Gymnastikball gemacht, dass ich auch in mir zentriert bin, selbst wenn ich wie ein Fragezeichen dastehe. Mir ist Authentizität wichtiger als der perfekte Stimmklang, wobei der Unterschied für einen Laien kaum hörbar ist. Gewichtsverlagerung auf ein Bein: So stehe ich, so bin ich. Solange ich keine Opernarie singe, bekomme ich wunderbar die Töne ohne hüftbreiten Stand heraus. Das können Sie auch schon auf den Popkonzerten sehen. Da stehen die Sänger ab und an hüftbreit, aber manchmal laufen sie auch oder lehnen sich irgendwo an und so weiter.

Wer möchten Sie sein? Der Opernsänger oder der Popmusiker? Was passt zu Ihnen? Womit fühlen Sie sich wohl? Da die Entspannung maßgeblich zu einem guten Stimmklang beiträgt (Kapitel 7 #tiefestimme), lege ich bei Seminaren und Coachings meinen Fokus darauf. Fast immer stellen sich die Teilnehmer beim ersten Versuch hüftbreit hin und sobald die Übung vorbei ist und sie nur noch auf mein Feedback warten, lassen sie los, entspannen die Haltung und den Stand. Häufig verlagern sie automatisch das Gewicht auf ein Bein und winkeln das andere an. Das wirkt auf mich wie der Wechsel von der Business- zur Wohlfühlkleidung. Ähnlich wie das Ausziehen der Schuhe, sobald die Wohnungstür ins Schloss gefallen ist.

Apropos Schuhe: Hohe Absätze sind verpönt, weil Sie damit scheinbar keinen soliden, sicheren, überzeugenden Stand einnehmen können." Ich habe das immer wieder gehört. Häufig von Männern. Dazu kann ich nur sagen, dass ich tatsächlich auf flachen Schuhen sicherer stehe. Am sichersten stehe ich allerdings barfuß. Entweder komplett barfuß oder in Barfußschuhen. Das ist dann aber auch wieder nicht erlaubt, weil man sich doch respektvoll an alle anderen Kongressteilnehmer anpassen soll, die Businessschuhe tragen. Was denn nun? Geht es hier um meinen Stand oder darum, sich anzupassen? Oder sind die flachen Schuhe vielleicht der goldene Mittelweg? Wobei ich auch sehr gerne auf hohen Absätzen gehe. Ich liebe meine Pfennigabsätze, solange es gut sitzende Schuhe sind, bei denen ich nicht ständig Angst habe, dass ich einen davon – wie Aschenputtel – beim Gehen verliere. Zu den meisten Kleidern sehen die auch viel hübscher aus als meine Barfußschuhe. Ich sage gerne: Wenn jemand gegen solche hohen Schuhe ist oder nicht auf ihnen entspannt laufen kann, dann soll er sie nicht anziehen. Herumeiern ist auf der Bühne natürlich suboptimal. Ich kenne allerdings viele Frauen, die klasse auf ihren hohen Absätzen laufen, sich damit identifizieren und einen souveränen Stand haben. Warum sollte ich diesen Damen nun sagen, dass sie die Schuhe wechseln sollen? Das ergibt für mich keinen Sinn.

Vor allem, weil es dazu auch gegenteilige Meinungen gibt. Zum Beispiel, dass etwas höhere Absätze eine gerade und aufrechte Haltung unterstützen.[III] Bei den Männern bedeutet dies circa 2,5 Zentimeter und bei Frauen optimalerweise zwischen drei und sechs Zentimeter hohe Absätze. Von Turnschuhen, Ballerinas und offenen Öko-Schuhen wird abgeraten, weil man in Turnschuhen zu viel geht und gerne mit den Füßen kippelt, Ballerinas eine katastrophale Erfindung seien und Öko-Schuhe hauptsächlich für Pflegepersonal gedacht sind. Wenn ich mir anschaue, wie viele Regeln und Hinweise es allein schon bei den Schuhen gibt, da wird mir schwindelig. Ich möchte doch einfach nur einem Redner lauschen, der mir hoffentlich spannende Inhalte erzählt. Natürlich ist das Aussehen wichtig, und ich unterstreiche mit meinem Kleidungsstil meine Persönlichkeit. Ich verstehe auch, dass es in gewissen Kreisen extrem wichtig ist, die Etikette einzuhalten. Sie kommunizieren mit der Auswahl Ihrer Kleidung – sowohl wenn Sie sich den Regeln und Gegebenheiten anpassen, als auch wenn Sie dies nicht tun. Seien Sie sich dessen bewusst.

Vor einigen Wochen habe ich in offenen Öko-Sandalen einen Vortrag vor 300 Zuhörern gehalten. Es war ein Versehen. Ich wollte die Schuhe kurz vorher wechseln, habe es aber leider vergessen und merkte 20 Sekunden vor dem Start: »Menno, falsche Schuhe.« Dann war es zu spät. Ich hatte also zu einem eleganten Hosenoverall sehr bequeme Sandalen an, und hinterher wurde mir von der Mehrheit persönlich gesagt, dass sie mein Vortrag sehr berührt hätte. Dies schreibe ich nicht, um mir selbst auf die Schulter zu klopfen, sondern weil ich zeigen möchte, dass sicherlich die meisten meine denkwürdige Schuhwahl bemerkt haben, diese aber einem guten Vortrag nicht im Wege stand.

Darüber hinaus verlagerte ich mein Gewicht häufig auf ein Bein, winkelte das andere kurz an, um dann wieder die Standposition zu wechseln. Ich ließ die meiste Zeit meine Arme fallen, hatte keinen Hochstatus, habe mit Negationen und Aber gesprochen, und trotzdem wurde mir gespiegelt, dass ich stark und souverän gewirkt hätte. Kann das nur bei mir klappen? Nein. Wenn Sie sich mit Ihrem Stand wohlfühlen, wenn Sie Ihre Schuhwahl toll finden und sich hauptsächlich darauf konzentrieren, dass Sie Ihre Zuhörer erreichen möchten, dann wird es auch Ihnen gelingen.

MIT FRISCH GEPUTZTEN SCHUHEN UND ANZUG AUF DEM SOFA

Ich weiß, dass sich bestimmte Kleidungsstücke auf meine Emotionen auswirken. In einem Ballkleid fühle ich mich anders als mit Badeanzug am Strand. Deswegen wird auch gerne in der Kommunikationsszene verbreitet, dass Sie sich selbst beim Homeoffice perfekt stylen sollen, weil Sie dann ganz anders am

Telefon auftreten.[IV] Das ist korrekt, doch in meinen Augen zu kurz gedacht. Denn wenn ich zu Hause ungeschminkt in sehr bequemen Freizeitklamotten sitze, kann ich trotzdem seriös telefonieren, weil ich die Lawine mal wieder von meinem Kopf aus anstoße (Kapitel 7 #tiefestimme). Manchmal stelle ich mir vor, ich hätte ein schickes Kostüm und Pfennigabsätze an, und dies wirkt sich dann über meine Mimik und Körpersprache auf meine Stimme aus. Falls ich lieber ein starkes Auftreten haben möchte, dann visualisiere ich ein gut gelaufenes Gespräch (Kapitel 11 #siebenprozent), bevor ich überhaupt anfange zu telefonieren, oder ich sage mir: »Wie würde es sich anfühlen, wenn ich mich richtig stark und souverän fühlen würde?« (Kapitel 2 #wegschauen). Es gib zig Möglichkeiten, und eine Bekleidung, bei der mein Hund mir eine Laufmasche ziehen kann, ich den Bauch einziehen muss und mich freue, wenn ich abends endlich auf dem Weg vom Homeoffice zum Wohnzimmer die Schuhe ausziehe darf, sind nur eine davon. Definitiv nicht meine favorisierte.

Wenn in den Seminaren meine Teilnehmer denken, dass die Übung vorbei ist, und sich dann entspannt und gelöst hinstellen, rufe ich sofort: »Merken!« Denn das scheint ein Wohlfühlstand zu sein. Wenn Sie sich mit einem angewinkelten Bein wohlfühlen, damit privat überzeugende Gespräche führen können und es den herrlichen Nebeneffekt hat, dass es völlig automatisch passiert, dann nutzen Sie diesen Stand auch beruflich. Nicht immer, aber häufig. Meinen Segen haben Sie. Nehmen Sie sich selbst bewusst wahr (Kapitel 1 #verschränktearme): Ihre Körpersprache, Ihre Atmung und auch Ihren bevorzugten Stand. Das nehmen Sie mit auf die Bühne, in wichtige Verhandlungen und Konfliktgespräche. Dieses selbstbewusste Auftreten ist wie eine sichere Bank oder ein guter Freund, der immer hinter Ihnen steht. Der Ihnen Sicherheit gibt. Auf den Sie vertrauen können. Dieser Freund ist ab sofort immer mit dabei, auch wenn er vielleicht unpassend gekleidet ist, introvertiert und in dieses Umfeld nicht so recht reinpassen mag. Egal: Er gibt Ihnen Entspannung. Ihr selbstbewusstes Auftreten ist wie dieser Freund. Immer dabei. Nicht immer passend, aber für Sie persönlich immer richtig.

#BESSERSPRECHERTIPPS

1. Es gibt Situationen, da ist es schlau, sich hüftbreit hinzustellen. Zum Beispiel am Anfang eines Vortrags und auch am Ende. Oder wenn Sie Stellung beziehen möchten, bei verbalem Gegenwind. Oder auch wenn Sie sich erden möchten.

2. Wie stehen Sie privat? Immer hüftbreit? Dann ist das auch der Stand Ihrer Wahl in beruflichen Terminen. Wenn Sie aber privat anders stehen, dann nutzen Sie so häufig wie möglich Ihren privaten Lieblingsstand. Der gibt Ihnen Sicherheit.

3. Damit Sie auch als Flamingo und auf hohen Absätzen einen guten Stand haben, rate ich dazu, den Stand auszupendeln: Kennen Sie diese Holzfiguren aus Ihrer Kindheit? Die waren oben wie ein Kegel geformt und unten wie eine halbe Holzkugel. Wenn man ihn vorsichtig mit dem Finger anstieß, dann schaukelte er hin und her. So werden Sie es nun auch machen, nur um einiges kontrollierter. Sie halten den Körper gerade und schwingen somit, wie die Puppe damals, mit dem kompletten Körper, ohne in der Taille abzuknicken. Ein bisschen so, als ob Sie beim Pendeln einen Stock verschluckt hätten. Bevor Sie allerdings loslegen, stellen Sie sich hüftbreit hin und spüren bitte mal in Ihre Füße rein. Wo nehmen Sie Ihre Füße bewusst war? Welchen Teil Ihrer Füße belasten Sie am meisten? Nachdem Sie den Ist-Zustand

erfühlt haben, pendeln Sie stocksteif so weit nach vorne, dass Sie gerade nicht umkippen. Von dort starten Sie einen Kreis. Sie pendeln zur Seite, nach hinten, zur anderen Seite und wieder nach vorne. Diesen großen Kreis pendeln Sie ein paarmal. Danach pendeln Sie nahtlos weiter, lassen aber den Kreis kleiner werden. Von Runde zu Runde, von Kreis zu Kreis werden Sie kleiner. Machen Sie diese Übung in Ruhe. Werden Sie nicht zu schnell kleiner. Und selbst wenn der Kreis mittlerweile sehr klein ist, so vernachlässigen Sie bitte keine einzige Seite. Gehen Sie immer noch in Gedanken alle Seiten durch: vorne, Seite, hinten, Seite. Und irgendwann bleiben Sie dann stehen. Vergleichen Sie den jetzigen Stand mit dem Stand vor der Übung. Meistens ist er deutlich besser. Merken Sie sich diesen neuen Stand, wenn er Ihnen schon gefällt. Sie können den Stand natürlich immer mal wieder auspendeln. Wenn Sie bewusst abgespeichert haben, wie sich ein guter Stand für Sie anfühlt, dann bekommen Sie diesen Stand auch hin, wenn Sie ab und an nur ein Bein belasten. Und falls Sie gerne hohe Absätze tragen, dann pendeln Sie den Stand mit diesen Schuhen aus.

I »Körpersprache beim Vortrag richtig einsetzen«, Internetartikel von Birthe Klementowski, 24.05.2016, Link: https://www.business-wissen.de/artikel/praesentation-koerpersprache-beim-vortrag-richtig-einsetzen/

II »Lieber flach – warum du beim Präsentieren auf hohe Schuhe verzichten solltest«, Internetartikel von Beatrix Schwarzbach, ohne Veröffentlichungsdatum, Link: https://www.beatrixschwarzbach.de/artikel/lieber-flach-warum-sie-beim-praesentieren-auf-hohe-schuhe-verzichten-sollten

III »Präsentation und Schuhe«, Internetartikel von Michael Moesslang, »Erfolgreich wirken«, 11.11.2010, Link: http://erfolgreichwirken.typepad.com/erfolgreich_wirken/2010/11/präsentation-und-schuhe.html

IV »Warum dein Gesprächspartner am Telefon hört, was du anhast«, Internetinterview mit Katharina Starlay, »editionf«, 26.09.2016, Link: https://editionf.com/Interview-Katharina-Starlay-Business-Mode

14

#positivesdenken

MYTHOS

Denken Sie immer positiv!

Warum das Wort Herausforderung nicht alle Probleme löst, Sie mit einem Lächeln nicht immer positiv wirken und wie innere Gelassenheit bei der positiven Einstellung hilft.

TIEFER SEUFZER, trauriger Blick: »Ich habe ein Problem.« – »Das ist kein Problem. Das ist eine Herausforderung. Und da steckt eine Lerneinheit drin. Die siehst du vielleicht noch nicht, aber sie ist da.« – Kennen Sie solche Dialoge? Nachdem nun allgemein »bekannt« ist,[1] dass positives Denken der Renner ist, werden wir Problemwort-Aussprecher an allen Ecken und Enden korrigiert. Was haben die Menschen eigentlich vor diesen ganzen neurologischen Erkenntnissen gemacht? Einfach nur geredet? Ohne ständig Angst davor zu haben, dass die Gedanken gerade ungünstig sind, weil die Denkweise nicht stimmt?

In einem Seminar stand eine Frau ängstlich vor mir und meinte, sie würde sich gar nicht mehr trauen zu denken. Sprach's, stockte, schaute noch ängstlicher und meinte: »Oh nein, das hätte ich lieber nicht denken sollen, oder? Das war wieder negativ.«

Wenn Sie die bisherigen Kapitel gelesen haben, dann wissen Sie, dass ich ein Fan von positiven Worten bin. Ich vermeide zum Beispiel das Wort »müssen«, weil das in meinen Augen nicht positiv ist (Kapitel 9 #aber), ich rege an, direkt das auszusprechen, was Sie haben möchten, anstatt ständig Bilder zu benutzen, die Sie nicht haben wollen (Kapitel 6 #negationenvermeiden), und ich habe Ihnen verraten, dass sich Lästern aufgrund des Dominoeffekts (Kapitel 7 #tiefestimme) ungünstig auf Ihren Körper auswirkt. Ich achte auf Worte. Ich mache mir Gedanken darüber, ob meine Worte auch wirklich zum Ziel führen. Sowohl beim Denken als auch beim Reden.

Worauf ich allerdings mittlerweile allergisch reagiere, ist dieses krampfhafte positive Denken, mit einer Ich-denke-positiv-Polizei, die durch jede private Party und jedes Unternehmen läuft, nur um andere Menschen darauf hinzuweisen, dass einzelne Wörter sich sicherlich noch positiver formulieren lassen. Ich frage mich manchmal, wie positiv wohl ein Mensch ist, der von morgens bis abends penibel darauf achtet, Sätze von anderen Menschen zu sezieren, um ihnen dann falsches Denken vorzuhalten.

Natürlich dürfen Sie auch mal das Wort Problem denken und sagen. Wenn es für Sie gerade ein Problem ist, dann sagen Sie es auch. Dieses Wort wirkt sich meines Erachtens nur dann negativ aus, wenn Sie ständig nur an Probleme denken und keinen Gedanken an einen möglichen Lösungsansatz verschwenden. Aber auch das ist ab und an völlig in Ordnung, solange es sich nur über einen oder ein paar Tage hinzieht und nicht mehrere Wochen oder Ihr ganzes Leben lang.

Wir haben alle mal negative Gefühle in uns. Und für mich fühlt es sich häufig einfach befreiend an, sie rauszulassen und an die frische Luft zu hängen. Da wartet nicht sofort eine bösartige selbsterfüllende Prophezeiung auf uns. Wir werden auch nicht sofort unheilbar krank. Wenn ich einen schlechten Tag habe, gerade mein Rechner mit meinem halben Manuskript ohne Sicherheitskopie abgeschmiert ist und ich mir beim hilflosen haareraufenden Hin- und Herlaufen noch den kleinen Zeh schmerzhaft an der Bank stoße, dann bin ich überhaupt nicht mehr positiv. Nirgends. Und es fühlt sich befreiend an zu fluchen. Vielleicht fluche ich sogar mehrmals hintereinander und finde jede Menge böse Wörter. Ich presse dann sicher nicht »tolle Herausforderung« durch meine Lippen, nur um irgendetwas Schönes und Positives zu äußern.

Wenn Sie gedanklich aus tiefster Seele fluchen, dann aber aus Scheiße Scheibenkleister machen oder ähnliche Synonyme äußern, dann ist der Effekt derselbe. Irgendwo beim Dominoeffekt habe ich dann zwar eine andere Ausfahrt genommen, aber im

Kopf ist das Sch-(wie-auch-immer-es-weitergeht)-Wort immer noch und wirkt sich – zumindest als Subtext – aus (Kapitel 11 #siebenprozent). Wenn sich im Denken nichts ändert, sondern nur krampfhaft eine andere Wortwahl genommen wird, dann führt das unter anderem zu so absurden Sätzen wie: »Wir lösen Ihre Herausforderungen.« Was Unsinn ist, denn man möchte ja keine Herausforderungen lösen, sondern Probleme. Wenn das Wort Herausforderung schon in den Denkmustern des Unternehmen wäre, dann würde man nicht einfach eine gängige Aussage nehmen und dort ein Wort durch das andere ersetzen. Bei neuen Wörtern gilt es, komplett neue Sätze zu kreieren.

Erinnern Sie sich noch an den jungen Trainer, der alles richtig gemacht hat, abgesehen von seinem mangelnden Interesse seiner Seminarteilnehmerin gegenüber? (Kapitel 5 #pacingundleading) Wo die Kommunikationsregeln wichtiger waren als das ehrliche Interesse am Gegenüber? Beim positiven Denken geht es mir nun um das ehrliche Interesse mir selbst gegenüber. Ich möchte nicht, dass sich Wörter wie »gehirnamputiert«, »blöde Kuh« oder »alles Psychopathen« in meinem Körper auswirken. Ich arbeite gerne und immer wieder an meiner inneren Gelassenheit. Dabei helfen mir alle Tipps, von denen ich schon in Kapitel 7 (#tieferestimme) gesagt habe, dass sie im Prinzip nicht nur für eine entspannte Stimme sorgen, sondern auch für ein gelassenes Leben.

Wenn es mir gutgeht, dann gehe ich viel raus, ich ernähre mich gut, trinke viel Wasser, lache viel und achte auf meine Worte. Wenn es mir nicht gutgeht, dann höre ich auch auf, mich gut zu ernähren, rauszugehen, viel zu lachen, und benutze viele Wörter, die nicht hilfreich sind. Dann gilt es, dass ich mich am eigenen Schopf wieder nach oben ziehe. Bei einem dieser vielen Punkte fange ich an. Entweder mit der Ernährung, mit einem Spaziergang oder mit positiveren Gedanken. Indem ich zum Beispiel häufig ein »noch« einfüge. Wenn ich im Prinzip aus tiefster Seele »Ich kann das nicht« denke, dann formuliere ich es um in »Ich kann es *noch* nicht.« Oder wenn ich verzweifelt emotional im tiefen Tal festhänge, dann lasse ich Gedanken wie »Ich schaffe das nie« links liegen und denke bewusst: »Ich weiß *noch* nicht, wie es weitergehen soll. Aber irgendwann werde ich es wissen.«

**»ICH DENKE, ALSO BIN ICH.
DENK ICH POSITIV, GEWINN ICH«
(DIE FANTASTISCHEN VIER,
»LASS DIE SONNE REIN«)**

Mir geht es dabei nicht um eine bloße Umformulierung, sondern um eine andere Denkweise. Ich akzeptiere die innere Verzweiflung, aber lasse gedanklich einen Lichtstrahl zu. Ich schiebe nicht komplett alles weg, was ich gerade empfinde. Als ich traurig war, weil mein treuer Hundebegleiter Bruno gestorben ist, da hätten mir Sätze wie »auch andere Hundedamen haben hübsche Welpen« nicht geholfen. Der Schmerz saß tief und wollte ausgelebt werden. Doch selbst in der Phase habe ich mir oft ein »Noch« gegönnt: »Noch bin ich sehr traurig.« Das »Noch« kündigt an, dass dies irgendwann zu Ende sein könnte. Es deutet schon mal positivere Optionen an, während ich noch heulenderweise auf dem Sofa sitze. In solchen Fällen bin ich fasziniert von der Macht der Wörter. Wie so ein kleines Wörtchen es schafft, dass ich die Trauer im Ist-Zustand spüren darf und gleichzeitig schon den ersten Samen setze für ein Lachen in der Zukunft.

Innerlich hat es mir auch sehr geholfen, dass ich meine Besitztümer immer stärker reduziert habe. Ich lebe minimalistisch. In ein paar Wochen ziehe ich von Hamburg nach Münster mit maximal 30 Umzugskartons, zwei Fahrrädern, einer Gartenliege, einem Bett und einem Trampolin. Mehr besitze ich nicht, und mehr brauche ich nicht. Ich habe mir abgewöhnt, dass mir Gegenstände wichtig sind. Ich genieße es, mir gute Sachen zu kaufen, aber wenn mal was kaputtgeht und nicht mehr zu reparieren ist, dann ist eben etwas kaputt und nicht mehr zu reparieren. Nichts ist unersetzlich. Dieses Denken hilft mir ungemein, gelassen zu bleiben.

Ich hatte einmal eine Hundesitterin, die während meines Spanienurlaubs in meine Wohnung gezogen ist, damit mein Hund Bruno in seiner vertrauten Umgebung bleiben konnte. Das Blöde war, dass Bruno sich nicht so gut mit ihrem Hund vertrug, bei einer Maßregelung in der Wohnung wurde das Ohr des Gegners verletzt und der lief dann wild mit seinem Kopf schüttelnd durch meine Wohnung mit bis dahin strahlend weißen Wänden. Ich hatte danach im Wohnzimmer, im Flur, in der Küche, im Schlafzimmer überall bis zur Decke Blutspritzer. Es sah aus, als ob es in meiner Wohnung ein Massaker gegeben hätte und nicht eine kleine Verletzung am Hundeohr. Die Hundesitterin war entsetzt und rief mich völlig verzweifelt in Spanien an: »Isabel, ich mache das wieder weg. Es tut mir so leid.« Aber ich regte mich noch nicht einmal im Ansatz auf. Weil es mir nicht wichtig war. Dann hatten meine weißen Wände eben rote Flecken. Dafür gibt es Farbe. Es war mir nicht wichtig, weil mir Gegenstände nicht mehr wichtig sind.

Warum erzähle ich Ihnen das, und warum ist das für Ihr Reden wichtig? Wenn Sie sich innerlich überlegen, was Ihnen viel bedeutet und was nicht, dann ist es viel einfacher, loszulassen, und das erleichtert den Einstieg ins positive Denken, was sich dann wieder auf Ihr gesamtes Auftreten auswirkt. Das gilt nicht nur für Gegenstände, sondern auch für Situationen, für den Umgang mit Menschen. Sind Sie sicher, dass Sie sich über jeden schlechten Autofahrer aufregen möchten, der Ihnen im Stadtverkehr begegnet? Meinen Sie, dass jede Provokation von einem Kollegen eine Antwort wert ist? Haben Sie wirklich die Zeit und die Energie dafür, sich über Menschen aufzuregen, die sich in der Supermarktschlange vordrängeln? Bei solchen Situationen können Sie mit dem positiven Denken anfangen. Fangen Sie bei sich an, und nutzen Sie Ihr positives Denken nicht nur als Technik, um Ihre Zuhörer in Ihrem Sinne zu manipulieren. Es geht beim positiven Denken um die Grundhaltung. Glücklichen Menschen wird das Glück selten in den Schoß gelegt. Die entscheiden sich für das Glück. Sie arbeiten daran, um generell ihr Glücksniveau zu erhöhen. Und sie akzeptieren, dass sie auch mal unglücklich sind. Das eine gehört zum anderen dazu.

Und genauso gehört das negative Denken zum positiven dazu. Ein absolutes Verbot für jedes negative Wort auszusprechen, ist sinnentleert. Vor vielen Jahren wollte ich mal eine App entwickeln, die Sätze sofort auswertet. Sie hätten es während eines Telefonats mitlaufen lassen können, und dann wäre ein Hinweis aufgepoppt, wenn Sie das Wort »Problem« benutzen. Ich wollte eine Datenbank mit vielen ungünstigen Wörtern anlegen und bei allen Wörtern Vorschläge hinterlegen, wie Sie diese besser und positiver formulieren könnten. Ich bin froh, dass ich es nicht gemacht habe, denn damit würde auch ich zu sehr das Schwarz-Weiß-Denken fördern. Die Nutzer der App hätten vielleicht irgendwann die Wortwahl geändert, aber nicht ihre Denkweise.

Bei einem Lächeln können Sie auch schnell erkennen, ob es nur ein »Ich will positiv wirken«-Lächeln ist oder ein echtes. Denn bei einem echten Lächeln ziehen sich meistens beide Mundwinkel nach oben, und Sie bekommen kleine Schweinsaugen, weil sich der Ringmuskel zusammenzieht, der das Auge umkreist. Ein echtes Lachen versucht nicht, schön auszusehen, und findet nicht nur halbseitig mit einem Mundwinkel statt. Was wir ganz häufig auf Plakaten sehen, auf Internetseiten oder bei Verkäufern, ist ein unechtes Lächeln, denn die Augen bleiben meistens ganz groß. Und hier und da lächelt nur die halbe Lippe. Und selbst wenn Sie es in der Mimik nicht erkennen können, so achten Sie auf Ihr Bauchgefühl: Manche Menschen lächeln einen an, und Sie fühlen sich trotzdem unwohl. Schauen Sie in solchen Momenten genauer hin. Denn das Lächeln wird häufig standardmäßig wie eine Krawatte oder eine Kette angelegt. Es gehört zum Dresscode für erfolgreiche Menschen, weil sie mit dem Lächeln zeigen wollen, wie positiv sie doch eingestimmt sind.

Und selbst aus so einem kleinen Mundwinkel-nach-oben-Ziehen wird in der Kommunikationsszene eine Wissenschaft gemacht: Denn Frauen sollten weniger lächeln, um ernst genommen zu werden.[II] Wobei sie auch nicht zu wenig lächeln dürfen, weil sie sonst als Führungskraft zickig wirken.[III] Am besten wäre ein Lächeln, ohne die Zähne zu zeigen, denn ein Öffnen des Mundes zeige Kommunikationsbereitschaft, selbst wenn Sie – mit einem Lächeln – eine klare Ansage gemacht haben. Mir ist das alles zu kompliziert. Ich arbeite auch hier wieder über meine Gedanken. Wenn ich jemanden vor mir stehen habe, der noch zögerlich auf die Aufgabe schaut, die ich ihm gegeben habe, dann denke ich mir während des Blickkontakts: »Du machst das jetzt!« Und selbst wenn ich dann lächle, dann ist es ein anderes Lächeln, als wenn ich denke: »Ich hoffe, es ist dir nicht zu viel Arbeit.«

Ist die Aussage »Denken Sie immer positiv« überhaupt ein Mythos? Immerhin glaube ich ja selbst an die Macht der Worte und gebe Ihnen hier zahlreiche Beispiele. Es ist kein Mythos, wenn Sie entspannt damit umgehen. Es ist aber ein grauenvoller Mythos, wenn jemand behauptet, dass Sie mit positivem Denken alle Sorgen und Krankheiten dieser Welt heilen können. Ich glaube sehr wohl, dass sich viele negative Gedanken langfristig auf den Körper auswirken können. Und deswegen nehme ich zuerst meine Gedanken bewusst wahr, wenn es mir nicht gut geht. Doch jemandem ins Gesicht zu sagen: »Sie haben Krebs? Ja. Dann liegt es wahrscheinlich daran, dass Ihre Gedanken immer so negativ sind«, ist menschenverachtend. Und wenn sogenannte Experten erzählen, dass jeder selbst schuld sei an seinem Leiden, dann baut dies genau den Druck auf, den meine Seminarteilnehmerin empfunden hat, die sich kaum noch traute, überhaupt zu denken.

#BESSERSPRECHERTIPPS

1. Nehmen Sie mal ein Telefonat mit einem guten Freund auf. Natürlich nur Ihren Part und somit Ihre Worte und Sätze. Hören Sie hinterher mal rein und überprüfen Sie, wie positiv diese Aussagen sind. In Kapitel 6 #negationenvermeiden habe ich Ihnen ans Herz gelegt, auf die eigenen Worte zu achten. Hier geht es mir allerdings nicht darum, ob einzelne Wörter Bilder erzeugen, sondern ob diese Wörter positiv oder negativ sind. Und achten Sie jetzt nicht mehr nur auf einzelne Wörter, sondern auch auf die Sätze. Was würde jemand von Ihnen denken, der das hört? Dass Sie häufiger positiv denken oder häufiger negativ? Ich möchte Sie dazu ermuntern, entspannt darauf zu achten, was für Sätze, Wörter und Gedanken Sie in Ihren Körper lassen.

2. »Jetzt beginnt eine Trainingseinheit.« Ein großartiger Satz von Jens Corssen, der sich als Selbstentwickler bezeichnet. Er meint, dass er diesen Satz immer denkt, wenn gerade alles schiefläuft in seinem Leben. Um bei meinem Beispiel zu bleiben (wenn ich die Hälfte meines Manuskripts verlieren würde, weil mein Laptop kaputtgeht und ich mir danach noch meinen kleinen Zeh stoße): Im ersten Moment ist das Fluchen durchaus angebracht. Aber dann könnte ich mir denken: »Jetzt beginnt eine Trainingseinheit.« Was bewirkt dieser Satz? Sie denken automatisch in Lösungen, weil Ihr Kopf den Ernst aus der Lage nimmt. Das ist gut, weil Panik, Angst und Wut keine guten Berater sind. Die sind nicht lösungsorientiert. Und zu viele Emotionen verhindern den Blick auf das, was wir alles tun könnten. Weil wir uns nur noch auf das Problem fokussieren und nichts drumherum sehen und wahrnehmen. Wenn Sie

allerdings davon ausgehen, dass es nur ein Training ist, dann löst sich das Drama im Kopf auf, und Sie überlegen, wie Sie wohl reagieren würden, wenn es ein Training wäre. Ihre Gedanken purzeln fast von alleine über den Tellerrand. Es nimmt den Druck raus, denn wenn es ein Training wäre, bedeutet es auch, dass Sie noch nicht fertig ausgebildet sind und somit keiner Perfektion von Ihnen erwartet. Auch dies sorgt für Entspannung im Körper, und über die Entspannung kommen viele neue Ideen und Lösungsmöglichkeiten. Dabei spielt es keine Rolle, ob Sie gerade »trainieren«, einen besseren Vortrag zu halten, eine bessere Führungskraft zu werden oder ein besserer Lebenspartner. Die Trainingseinheit gilt für alle Situationen, die nicht so laufen wie geplant.

Da positive Gedanken sich gerne in einem entspannten Körper niederlassen, können Sie sich auch nach dem ersten Wutanfall auf die Ausatmung konzentrieren. Ich habe es schon kurz in Kapitel 10 (#stimmefeuchthalten) angesprochen, doch hier nun der offizielle Umsetzungsplan. Sie regen sich gerade auf? Oder haben Angst vor einem wichtigen Termin? Und gehen dadurch in die Stressatmung? Dann spielen Sie mal Schnellkochtopf. Kennen Sie diese Töpfe noch? Wo oben ein kleines Ventil war und jedes Mal, wenn zu viel Druck im Topf herrschte, ging – hoffentlich – automatisch der kleine rote Knopf hoch und ließ den überschüssigen Dampf raus. Zur Not konnten Sie diesen kleinen Knopf auch manuell betätigen, um Druck abzulassen. Und genau das machen Sie nun mit Ihrem Körper. Wenn Sie merken, dass Sie angespannt sind, dann atmen Sie laut auf »f« oder auf »sch« aus. So lange es geht. Bis sie gefühlt keine Luft mehr in der Lunge haben. Dann atmen Sie nur kurz ein und wieder ganz lange auf »f« oder auf »sch« aus.

Das wiederholen Sie drei bis vier Mal. Und danach sind Sie ruhiger. Sie nehmen den Druck aus dem Körper und signalisieren, dass Sie alles im Griff haben.

4 Um in stressigen Situationen schnell gelassener zu werden und danach vielleicht mit einer positiveren Denkweise fortzufahren, nutze ich oft die Musterunterbrechung. Meine Seminarteilnehmer lieben dieses Gedankenspiel. Schauen wir uns erst einmal das gängige Muster an: Wir leben hauptsächlich unbewusst. Manche Wissenschaftler wie zum Beispiel der Hirnforscher Gerhard Roth sagen, dass wir circa 90 Prozent unbewusst leben und nur maximal 10 Prozent bewusst wahrnehmen.[IV] Deswegen schaltet sich unser Autopilot auch so häufig ein. Wie schon im Vorwort erwähnt, füttern wir unser Gehirn mit Regeln und Schubladen und Schwarz-Weiß-Denken, damit der Autopilot in unserem Sinne funktioniert. Wenn Sie zum Beispiel mit dem Auto immer dieselbe Strecke vom Büro nach Hause fahren, dann erledigt dies meistens der Autopilot. Auf einmal stehen Sie dann vor der Haustür und fragen sich: »Schon da? Wie konnte das so schnell gehen? Hoffentlich habe ich keine rote Ampel übersehen.« Das ist sehr praktisch bei alltäglichen Arbeiten, aber in der Kommunikation hilft es uns wenig. Denn wenn Sie in einen Konflikt tappen, den Ihr Gehirn schon kennt, schaltet er den Autopiloten auch an. Und Sie sagen das, was Sie immer sagen, und wundern sich, dass immer wieder dasselbe unbefriedigende Ergebnis dabei herauskommt.

5 Albert Einstein hat mal gesagt: »Probleme kann man niemals mit derselben Denkweise lösen, durch die sie entstanden sind.« Deswegen gilt es, dieses Muster zu unterbrechen. Bei der Autofahrt könnte es sein, dass ein Ball auf die Straße rollt und Sie panisch bremsen,

weil Sie Angst haben, dass ein Kind oder Hund gleich hinterherkommt. Gott sei Dank ist nichts passiert, aber der Autopilot bleibt meistens für die restliche Fahrt ausgeschaltet. Weil das Muster unterbrochen wurde. Der Ball, der vor Ihr Auto gerollt ist, gehört nicht zum alltäglichen Ablaufplan der Heimfahrt. Um das Muster in ungünstigen Kommunikationssituationen zuverlässig zu unterbrechen und den Autopiloten auszuschalten, nutze ich die »Sendung mit der Maus«. Haben Sie den Sprecher im Ohr? »Dies ist Hans. Hans ist Bäcker. Er backt Brötchen und auch Brote. Manche sind dunkel und manche hell. Klingt komisch? Ist aber so.« Wenn ich nun zum Beispiel in einem schwierigen Gespräch stecke, dann rede ich gedanklich mit mir selbst in genau diesem Tonfall: »Ich stehe vor Herrn Müller. Herr Müller gähnt. Ich denke, dass er mir nicht zuhören will. Ich werde langsam wütend. Jetzt sagt Herr Müller bestimmt gleich Nein. Wenn der so weitermacht, beiße ich in die Tischkante. Klingt komisch? Ist aber so.« Ich akzeptiere den Ist-Zustand und beschreibe ihn mir – nur in Gedanken – im Tonfall des Sprechers von der »Sendung mit der Maus«. Das ist erstens lustig, zweitens eine Musterunterbrechung, dadurch ziehen Sie sich drittens emotional etwas aus dem Tal und können viertens eventuell wieder positiver denken. Viele Fliegen mit einem Denkspiel geschlagen.

Allein schon aus dem Grund, dass wir keinen Autopiloten beim Vortragszuhörer aktivieren möchten, wäre es schlau, anders zu reden als Ihre Vorredner. Also ohne Armspiel, wenn das vor Ihnen schon jeder gemacht hat. Und wenn alle still auf einem Fleck standen, dann gehen Sie hin und her. Sie halten die Aufmerksamkeit Ihrer Zuhörer mit kleinen Überraschungen. Dies gilt natürlich genauso bei Feedbackgesprächen. Wenn Ihre Mitarbeiter den Feedback-Burger (Kapitel 6 #negationenvermeiden) schon in- und auswendig kennen, dann fangen Sie doch mal ganz anders an. Dies gilt natürlich auch für alle anderen wichtigen Gespräche: Verhandlungen, Konflikte, Bewerbungsgespräche. Ein Zuhörer im Autopilot ist kein guter Zuhörer. Helfen Sie ihm da raus.

7 Negatives Denken kann auch sehr hilfreich sein. Testen Sie mal das Worst-Case-Szenario: Wenn Sie Angst vor einer Situation haben, dann ist das Diffuse häufig der Grund für die große Angst. Setzen Sie sich deswegen mal entspannt an Ihren Schreibtisch, und stellen Sie sich das Schlimmste vor, das bei Ihrer Kundenpräsentation passieren kann. Sie haben vielleicht einen Blackout. Okay. Schreiben Sie das auf und spüren Sie in sich hinein, wie blöd es sich anfühlen würde, wenn das passiert. Und überlegen Sie sich auch die Konsequenzen. Der Kunde wird Ihr Produkt vielleicht nicht kaufen. Sterben Sie daran? Nein. Gut. Weiter. Was kann noch passieren? Sie stolpern auf dem Weg nach vorne, fallen der Länge nach hin und dabei reißt die Hose. Wie würde sich das anfühlen? Grauenvoll. Was wären die Konsequenzen? Jeder würde Sie auslachen und auch in diesem Fall bei der Lachnummer keine Produkte kaufen. Sterben Sie daran? Nein. Gut. Weiter. Gehen Sie alles Stück für Stück durch. Das hat den ähnlichen Effekt, als wenn Sie bei einem Dreh zu einem Monsterfilm alle Scheinwerfer anmachen. Licht ins Dunkel. Dann sehen die Schauspieler schon nicht mehr ganz so gruselig aus. Das ist der erste wichtige Effekt. Und der zweite ist, dass Sie sich während der Kundenpräsentation über alles freuen dürfen, was nicht so schlimm läuft wie befürchtet. Wenn Sie ohne einen Stolperanfall auf die Bühne kommen, ist das super. Freuen Sie sich darüber. Wenn Sie dann doch kein Blackout haben, dann ist das genial. Feiern

Sie es innerlich. Mit dieser Technik kommen Sie – über einen Umweg – an das positive Denken heran. Denn Sie konzentrieren sich während der Präsentation dann nicht mehr auf die zitternden Knie und darauf, dass ein Verkaufsargument nicht ganz so gut platziert wurde wie geplant. Die Realität ist deutlich besser als das Worst-Case-Szenario, und das wird gefeiert.

I »So nutzen Sie positive Formulierungen im Verkaufsgespräch – welche Wörter Sie vermeiden sollten«, Internetartikel von Silke Heise, »Rat & Tat«, 04.02.2016, Link: https://heise-beratung.de/welche-woerter-sie-im-verkaufsgespraech-vermeiden-sollten/

II »Schluss mit Lächeln«, Internetinterview mit Jan Sentürk, Süddeutsche Zeitung, 24.11.2011, Link: http://www.sueddeutsche.de/karriere/weibliche-koerpersprache-im-job-schluss-mit-laecheln-1.1197147

III »Warum Frauen zur Beschwichtigung lächeln«, Internetartikel von Laura Schneider-Mombaur, »Die Welt«, 26.07.2010, Link: https://www.welt.de/gesundheit/psychologie/article8653402/Warum-Frauen-zur-Beschwichtigung-laecheln.html

IV »90 Prozent sind unbewusst«, Gerhard Roth im Gespräch, »Psychologie Heute«, 02/2002

15

#händeschütteln

MYTHOS

Mit einem guten Handschlag wirken Sie positiver.[1]

Warum Sie über den Händedruck entscheiden, ob Sie jemanden riechen können, und warum die Ghettofaust der Handschlag der Zukunft sein könnte.

»NOCH MAL.« – »Noch mal.« – »Nein, mach es noch einmal.« – So ungefähr hört es sich an, wenn ein guter Händedruck geübt wird. Ich habe ja schon in einigen Kapiteln behauptet, dass aus manchen Facetten der Kommunikation eine Wissenschaft gemacht wird. Mit dem Händedruck haben wir den Höhepunkt erreicht. Ich zitiere den Psychologieprofessor Geoffrey Beattie von der Universität in Manchester: »Geben Sie Ihrem Gegenüber fest die Hand, die rechte wenn möglich. Drücken Sie fest zu, aber nicht zu fest. Die Handfläche sollte kühl und trocken sein. Idealerweise treffen sich beide Hände auf halber Höhe und werden dann drei Mal geschüttelt, nicht länger als drei Sekunden. Ganz wichtig: Sehen Sie Ihrem Gegenüber dabei in die Augen, nicht auf die Hand, und lächeln Sie dazu etwas.«[II]

Da kann ich nur sagen: »Viel Spaß beim Üben.« Und falls Ihnen das noch nicht kompliziert genug ist, schiebe ich noch eine Formel von Geoffrey Beattie hinterher:

$$PH = \surd\ (e^2 + ve^2)(d^2) + (cg + dr)^2 + \pi\{(4<s>2)(4<p>2)\}^2 + (vi + t + te)^2 + \{(4<c>2)(4<du>2)\}^2.$$ [III]

Klingt wie ein Scherz, ist aber keiner. Damit Sie die Formel auch entziffern können:

- PH = Perfekter Handdruck
- e = Blickkontakt (1 = keiner; 5 = direkt)
- ve = verbaler Gruß (1 = total unangemessen; 5 = total angemessen)

- d = echtes Lächeln: Lächeln mit Augen und Mund, Symmetrie auf beiden Seiten des Gesichts, langsamere Absetzung des Lächelns (1 = total falsches Lächeln; 5 = total echtes Lächeln)
- cg = Vollständigkeit des Griffs der Hand (1 = sehr unvollständig; 5 = vollständig)
- dr = Trockenheit der Hände (1 = feucht; 5 = trocken)
- s = Stärke (1 = schwach; 5 = stark)
- p = Handposition (1 = zurück zum eigenen Körper; 5 = in der Körperzone des anderen)
- vi = Elan (1 = zu schwach/zu stark; 5 = mittel)
- t = Temperatur der Hände (1 = zu kalt/zu heiß; 5 = mittel)
- te = Beschaffenheit der Hände (1 = zu weich/zu grob; 5 = mittel)
- c = Kontrolle (1 = wenig; 5 = stark)
- du = Dauer (1 = schnell; 5 = lang)

Nehmen Sie sich ruhig Zeit, um eine Weile darüber zu sinnieren. Und? Haben Sie es entziffert? Prima, dann kann ich ja weitermachen, denn Geoffrey Beattie war nicht der Einzige, der von der Wissenschaft des Händeschüttelns fasziniert war. Ich sehe Trainer, die minutenlang die unterschiedlichen Möglichkeiten vorführen, wie man eine Hand geben kann. Halte ich die Hand beim Händeschütteln zum Beispiel in Hüfthöhe, dann will ich etwas unter den Tisch kehren, schüttle ich minutenlang die Hand, dann bin ich offen für weitere Verhandlungen, kippe ich meine rechte Hand nach links, dann unterdrücke ich mein Gegenüber. Drehe ich die Handfläche nach rechts, dann zeige ich meine Offenheit.

Ich habe diese ganzen Tipps selbst gelernt und dann mal mit einer Seminargruppe alles ausprobiert. Wir hatten einen Heidenspaß. Ich fand es spannend, mal bewusst wahrzunehmen, auf wie viele unterschiedliche Arten ich eine Hand schütteln kann. Doch habe ich dies geübt? Nein. Zähle ich die Sekunden beim Schütteln? Nein.

Ich gebe einfach die Hand. So einfach ist das. Und ich lasse mein Gegenüber so sein, wie es will. Introvertierte geben häufig ganz anders die Hand als Extravertierte. Muss ich nun einen Introvertierten zwingen, sich einen festen Händedruck zu erarbeiten? Nein. Ich muss ihn noch nicht einmal darauf hinweisen, weil ihm wahrscheinlich schon von so manch extravertiertem Kollegen die Hand zerquetscht wurde. Er weiß also, dass häufig ein festerer Händedruck bevorzugt wird. Würde ein Introvertierter nun mit einem sehr kräftigen, fast schon dominanten Händedruck aufwarten, dann würde sein Gegenüber vielleicht denken: »Wow, der hat aber viel Selbstvertrauen.« Doch während der Zusammenarbeit stellt sich dann heraus, dass das Gegenteil der Fall ist. Mit so einem flüchtigen Versteckspiel – »ich bin ja gar nicht introvertiert« – hat doch keiner etwas gewonnen. Natürlich ist es schlau, wenn mir ein Introvertierter nicht seine Hand wie einen toten Fisch hinhält und sie kraftlos aus meinem Händedruck rausflutschen lässt. In so einem Fall würde ich auch eine Übungseinheit einlegen. Aber ohne Formeln und jeglichem Schnickschnack, sondern einfach nur, um einen etwas festeren Händedruck zu erreichen, der für einen Extravertierten wahrscheinlich immer noch zu lasch wäre.

INTROVERTIERTE GHETTOFAUST

Wie ich schon in Kapitel 4 (#positiverbereich) erwähnte, passen die meisten Kommunikationsregeln nur zu Extravertierten. Es gibt aber zahlreiche Introvertierte in Deutschland, denen der Händedruck nach der oben genannten Formel wahrscheinlich zu fest wäre. Ist der Händedruck dann richtig und deren Empfinden falsch? Müssen sich Introvertierte wirklich um 180 Grad drehen, um den gängigen Regeln zu entsprechen? Warum stellen wir die Welt nicht einfach mal auf den Kopf und lassen die Introvertierten ab sofort entscheiden, wie Kommunikation zu laufen hat. Dann würden wir uns die Hände vielleicht gar nicht mehr geben. Zumindest nicht ständig und jedem und keinen wildfremden Menschen. Das soll sowieso gesünder sein, denn unsere Handflächen sind wahre Fundgruben für Bakterienliebhaber. Deswegen wird sogar schon empfohlen, dass man das Händeschütteln lieber sein lassen solle.[111] Was aber auch wieder schade wäre, denn bei anderen Untersuchungen kam heraus, dass wir ehrlicher miteinander verhandeln, wenn wir uns vorher die Hand gegeben haben.[11]

Was denn nun? Bei diesem Thema verliere selbst ich mich in der Grauzone. Einerseits finde ich es höflich, anderen die Hand zu geben. Andererseits nervt es mich auch manchmal, wenn ich in einen Raum komme und 40 Personen noch auf einen Handschüttler meinerseits warten. Schütteln? Nein. Händeschütteln ist ja auch häufig verpönt. Ich geb's auf. Auch bei diesem Thema achte ich hauptsächlich auf mein Gegenüber. Wenn ich schnell merke, dass ich jemanden vor mir habe, der das mit dem Händeschütteln wahrscheinlich nicht mag, dann lächle ich einfach nur besonders herzlich zur Begrüßung. Kommt mir jemand mit ausgestreckter Hand entgegen, dann erwidere ich den Handschlag. Meistens rette ich mich damit, dass ich zur Hälfte Spanierin bin. Ich gebe also links und rechts einen Kuss an der Wange vorbei in die Luft. Mir ist bewusst, dass Sie sich gerade denken: »Das bringt mir doch nichts. Bei uns im Unternehmen macht man das so mit dem Händedruck.« Sie haben Recht. Es wird gemacht. Fast überall. Trotzdem können Sie, falls Sie einen Handschlag nicht mögen oder als unhygienisch empfinden, den Ausweg mit dem herzlichen Lächeln gehen. Packen Sie Ihre Hände entspannt in die Hosentasche, lächeln Sie breit, herzlich, ehrlich und sagen Sie »Schönen guten Tag«. Aber auch diesen Versuch bitte nur starten, wenn Sie sich damit wohlfühlen. Denn noch wird es deutschlandweit erwartet, dass wir uns bei wichtigen Gesprächen und Vorstellungen die Hand reichen.

Falls Sie sich an so eine wichtig genommene Höflichkeitsregel nicht halten, gilt es dann natürlich, besonders höflich und entgegenkommend zu sein, denn sonst denkt Ihr Gegenüber vielleicht, dass Sie es nicht mögen.

Ich will Sie gar nicht davon überzeugen, dass Sie den festen Händedruck vermeiden, ich möchte nur die Möglichkeit aufzeigen, dass die Wichtigkeit dieser Geste ziemlich überhöht wurde. Warten Sie, bis die jüngere Generation das Sagen hat. Dann begrüßen wir uns irgendwann vielleicht nur noch mit der Ghettofaust. Das hätte viele Vorteile: Erstens ist es viel hygienischer. Zweitens ist die sehr einfach umzusetzen, und Sie können die komplizierte Händedruckformel in den Reißwolf stecken. Drittens merkt niemand, wenn die Hände verschwitzt sind. Viertens ist es nicht so intim, und es bekommen daher auch Introvertierte hin. Fünftens geht es schneller, weil die Fäuste sich in der Regel nicht drei Sekunden berühren. Wenn ich noch eine Weile überlege, fallen mir bestimmt noch mehr Vorteile ein. Allerdings hat es auch einen Nachteil: Wir können unser Gegenüber nicht mehr riechen.[IV] Viele Menschen scheinen nach dem Händeschütteln an ihren Händen zu riechen. Es liegt die Vermutung nahe, dass wir es damit anderen Tieren gleichtun, die sich gegenseitig beschnüffeln, um den Energie- oder Stresslevel zu identifizieren. Das würde bei der Ghettofaust natürlich wegfallen. Was meines Erachtens aber nicht das Schlimmste wäre.

#BESSERSPRECHERTIPPS

1. Entscheiden Sie bitte selbst, ob Sie jemandem die Hand schütteln möchten oder nicht. Konvention hin oder her. Sie können den Kollegen auch mit einem herzlichen Lächeln begrüßen.

2. Lassen Sie sich nicht verbiegen. Wenn Sie introvertiert sind, dann darf man Ihnen das auch schon gleich am Handschlag anmerken.

Machen Sie keine Wissenschaft daraus. Konzentrieren Sie sich – mal wieder – auf die innere Haltung. Denken Sie sich: »Wie würde es sich anfühlen, wenn ich ein sehr starkes und souveränes Auftreten hätte?« Dann kommt der Händedruck eher von innen heraus, und Sie verschwenden keine Zeit damit, sich zu überlegen, ob Sie bei dem Kunden lieber den Distanz-, Frontal-, Roboter-, Handkanten-, Zangen- oder den normalen Handschlag anwenden sollen.

I »The Power of a Handshake: Neural Correlates of Evaluative Judgments in Observed Social Interactions«, Internetartikel von Florin Dolcos und Sanda Dolcos, »The MIT Press Journals«, Dezember 2012, Link: https://www.mitpressjournals.org/doi/10.1162/jocn_a_00295

II »Handschlag: Richtig Hände geben«, Internetartikel von Jochen Mai, »karrierebibel«, 16.09.2012, Link: https://karrierebibel.de/goldener-handschlag-handedruck-hand-geben/

III »Die Gewissensfrage – Höflichkeitsritual oder Bakterienschleuder: Bei welchen Gelegenheiten sollte man den Menschen, die man trifft, die Hand schütteln?«, Internetartikel von Dr. Dr. Rainer Erlinger, »Süddeutsche Zeitung«, 10.02.2011, Link: https://sz-magazin.sueddeutsche.de/die-gewissensfrage/die-gewissensfrage-77926

IV »Social Chemosignaling: The Scent of a handshake«, Internetartikel von Gün R. Semin und Ana Rita Farias, »eLIFE«, 03.03.2015, Link: https://elifesciences.org/articles/06758

16

#duzen

MYTHOS

Ein Du schafft mehr Nähe.

Warum ein aufgezwungenes Du häufig viele Nachteile bringt und ein Blick über den großen Teich uns nicht wirklich hilft.

»HEY ISABEL, ich habe dich hier entdeckt und hätte gerne, dass du mir kostenlos bei einem Vortrag hilfst, und ich kann dir vielleicht ein paar gute Kontakte verschaffen. Das ist dann eine typische Win-Win-Situation. Grüße von Wolfgang« – Etwas tiefer folgte noch: »Du willst doch nicht das unpersönliche Sie als Ansprache haben, oder? Das Du schafft doch viel mehr Nähe.« Doch, ich hätte gerne das Sie zurück. Und Nein, hier wurde keine Nähe aufgebaut. So eine Nachricht bekam ich vor einigen Jahren auf einer Businessplattform im Internet als Kontaktanfrage und habe Wolfgang spontan abgelehnt.

Ich kenne den Mann doch gar nicht. Woher soll denn da spontan die Nähe kommen? Und wenn mir sofort in der ersten Nachricht ein undurchsichtiges Tauschgeschäft angeboten wird, welches dann Win-Win genannt wird, dann bin ich draußen. Das passiert mir immer mal wieder. Letztens bekam ich auch eine Kontaktanfrage über diese Plattform, in der mich jemand erstens duzte und zweitens gleich im zweiten Satz Werbung für sich machte: »Spielt das Thema digitale Neukundengewinnung für dich eine Rolle? Möchtest du deine Botschaft noch schneller wachsen sehen? Willst du dein Business auf das nächste Level heben?« Ich habe ihm geantwortet: »Um Ihre Fragen zu beantworten: nein, nein und noch einmal nein.«

Wenn zu dem überfallartigen Duzen dann noch so eine jämmerliche Ja-Kette hinzukommt, dann reagiere ich patzig. Kennen Sie die Ja-Ketten? Sie stellen Fragen, bei denen die meisten mit Ja antworten, und da die Menschen es dann schon so gewohnt sind, »Ja« zu sagen, sagen sie eventuell auch zu der vierten Frage Ja. Früher wurde dies gerne genutzt, um Versicherungen zu verkaufen: »Lieben Sie Ihre Kinder? Wollen Sie, dass es Ihnen immer gutgeht? Wäre es nicht schön, wenn die sorgenfrei leben könnten?« – Wer sagt da schon Nein? Also wird eifrig genickt oder Ja gesagt. Und dann folgt: »Hätten Sie gerne eine Versicherung für kleines Geld, die Ihnen das ermöglicht?« Es ist nicht nett, mit so einer emotionalen Erpressung zu arbeiten. Genauso wenig war es nett, mich zu fragen, ob meine Botschaften noch schneller wachsen sollen und ich mein Business auf das nächste Level heben will. Die meisten sagen bei solchen Fragen doch Ja. Und schon bist du im Gespräch drin, wirst mit allen Tricks bearbeitet und nicht so schnell wieder losgelassen.

Es kann mir doch keiner glaubhaft machen, dass diese beiden Herren bei den Kontaktanfragen mit einem Du Nähe aufbauen wollten. Die hatten wohl eher das klare Ziel vor Augen, mit mir Geschäfte zu machen. Und sie haben gehofft, dass so eine vermeintliche Du-Nähe die Eingangstür wäre. Meine Erfahrung ist, dass die wenigsten sich trauen, sich klar gegen das Du auszusprechen, vor allem nach einem PS à la »Du willst doch nicht das unpersönliche Sie zurück, oder?«.

Es ist nicht so, dass ich generell ein Du ablehne. Auf den sozialen Kanälen werde ich so manches Mal geduzt. Wenn das liebe Anfragen sind und ich merke, dass diejenigen es machen, weil sie durch meine vielen Videos und persönlichen Podcasts eine Nähe zu mir spüren, dann gehe ich sofort auf das Du ein. Warum auch nicht? Ich bin Musikerin, und in dieser Branche duzen wir uns auch sofort. Auch Trainer duzen sich meistens schnell untereinander. Damit habe ich keine Bauchschmerzen. Ich mag das Du. Und ich mag Nähe. Mir geht es darum klarzustellen, dass das winzige Wort Du nicht automatisch Nähe schafft und dass über diese Pseudo-Nähe so manches Mal respektlose Gespräche gestartet werden.

Wir landen immer wieder bei demselben Thema: Über eine innere Einstellung schaffen wir Nähe, nicht über ein distanziert hingeknalltes und gegen meinen Willen aufgezwungenes Du.

Das wäre ein bisschen so, als ob ich denken würde, dass ich nur über eine herzliche Umarmung Nähe aufbauen kann. Und ich dann jeden Menschen, dem ich normalerweise die Hand gebe, einfach mal minutenlang umarmen würde. Und wenn Verwirrung auftaucht und sich mein Gegenüber aus der Umarmung winden möchte, dann murmle ich in sein Ohr: »Sie wollen doch nicht zu einem distanzierten, unpersönlichen Händedruck zurückkehren, oder?« Die Vorstellung ist absurd? Für mich ist es ebenso absurd, wenn Menschen denken, sie würden über ein Du automatisch Nähe herstellen.

Wenn Sie gerne duzen, dann machen Sie das. Doch bilden Sie sich nicht ein, dass Ihr Gegenüber sich Ihnen dadurch näherfühlt. Beobachten Sie Ihren Gesprächspartner. Fühlt er sich wohl, oder rutscht ihm immer mal wieder als Freudscher Versprecher das Sie heraus? Dann fragen Sie ruhig respektvoll, ob es ihm lieber wäre, zum Sie zurückzukehren.

Ich biete sehr schnell und sehr gerne das Du an, wenn sich Nähe aufgebaut hat und es sich stimmig anfühlt. Doch als Automatismus finde ich es unangemessen. Mittlerweile bekomme ich Anfragen von Unternehmensberatern, die mich sofort duzen, weil das in der Szene wohl so gemacht wird. Die Begründung ist häufig, dass man so international sei und man sich im Englischen ja auch immer duzt. Auf den ersten Blick ist das so. Wenn Sie einem Amerikaner den Unterschied zwischen der Verwendung von Du und Sie erklären möchten, dann ist es fast dasselbe, als wenn Sie einem Wüstenbewohner den Unterschied zwischen Hagel und Schnee beschreiben.

Ich habe von einer Amerikanerin gehört, dass sie natürlich den Unterschied zwischen Du und Sie im Kopf versteht und es auch im Deutschen anwendet, aber den Unterschied nicht fühlt. Aber genau an dem Punkt machen die Amerikaner den Unterschied. Nur weil im Englischen jeder mit »you« angesprochen wird, haben sich nicht alle gleich verbrüdert. Auch die Angelsachsen wahren die innere Distanz. Das drücken sie vielleicht dadurch aus, dass sie »you« in Kombination mit dem

Nachnamen verwenden.[1] Und sie zeigen Distanz oder Nähe auf eine andere Art und Weise: Wie nah stelle ich mich zu jemandem, höre ich aufmerksam zu, ohne zu unterbrechen, wie klingt mein Tonfall. Natürlich hört sich ein »you« in Verbindung mit dem Vornamen im ersten Moment sehr locker an, und im Silicon Valley wird es wahrscheinlich auch so gelebt, aber in einem Businesskontext, zum Beispiel in der Politik, ist dies kein Zeichen für Lockerheit und Nähe.

HALLO, LOCKERHEIT, ICH DUZE DICH MAL

Hier bei uns in Deutschland wird auch in Seminaren gerne gleich zu Beginn das sogenannte Seminar-Du angeboten. Wobei es kein Angebot ist, sondern es wird den Teilnehmern übergestülpt, wenn gesagt wird: »Ich bin dafür, dass wir uns duzen, wenn wir nun schon so persönlich miteinander arbeiten werden. Ist das für alle in Ordnung?« Diese Frage ist wertschätzend gestellt worden, doch durch den Gruppendruck bekommt ein Sie-Verfechter kaum eine Chance, sich dagegen zu wehren. Es sei denn, er will für den Rest des Trainings der Buhmann sein. Ich finde es nicht in Ordnung, wenn Seminarteilnehmer gleich zu Beginn eines Trainings in diese Zwangslage gebracht werden. Wenn ich das nach einem halben Tag anbiete, ist das ein ganz anderer Schnack, weil ich dann schon weiß, ob es alle begrüßen würden, und ich schon eine Vertrauensbasis aufgebaut habe. Es kommt allerdings auch häufig vor, dass ich bis zum Ende beim Sie bleibe.

Auch von der Vortragsbühne wird immer mehr geduzt, mitunter mit den einleitenden Worten: »Ich fühle mich euch so nahe und möchte keine Distanz aufbauen. Ist es in Ordnung, dass ich euch ab sofort duze?« – So wird es manchmal als rhetorische Frage gestellt, und häufig wird es einfach nur angekündigt: »Ich duze euch, um mehr Nähe aufzubauen.« Ich will nicht von einem völlig fremden Menschen von der Bühne ungefragt geduzt werden. Es wäre etwas anderes, wenn wir bei einem Kongress von digitalen Nomaden sind, doch bei einem Businesskongress mit zigtausend Schlipsträgern im Publikum finde ich es gewagt.

Ein schönes Erlebnis hatte ich auch mit einem jungen Kollegen, der unbedingt mit mir einen Podcast aufnehmen wollte. Beim ersten Vorgespräch per Telefon fing er sofort mit dem Duzen an und haute nur kurz raus, dass ich doch wahrscheinlich nichts dagegen hätte. Doch. Ich hatte etwas dagegen und habe ihm gesagt, dass ich gerne gesiezt werden möchte. Das brachte ihn völlig aus dem Konzept. Er stockte immer wieder, brachte kaum einen geraden Satz heraus und meinte schließlich: »Ich kann das nicht. Ich bekomme das Sie nicht über die Lippen. Mit dieser Distanz kann ich nicht umgehen.« – »Ich bin nicht distanziert, ich möchte nur gerne gesiezt werden. Glauben Sie ernsthaft, wir hätten mehr Nähe, wenn ich Sie nun mit Du anspreche?« – »Ja.« – Da er ja mit dem Sie nicht reden konnte, bin ich ihm dann entgegengekommen, und wir haben uns geduzt. Auch hier ging es nicht um das Du selbst, sondern um diese Selbstverständlichkeit, die ich als übergriffig empfinde, weil auf meine Wünsche gar nicht eingegangen wurde.

Ich habe in meiner Zeit als Radiomoderatorin immer mit einem Sie moderiert. Ich sieze bis heute meine Podcasthörer und spreche meine Hörbücher mit einem Sie ein, trotzdem wird mir häufig gesagt, dass ich Nähe aufbaue. Diese Nähe spüre ich auch, weil mich mein Gegenüber wirklich interessiert. Ich lasse diese Nähe von meiner inneren Haltung und meinen Gedanken her zu. Ehrliches Interesse und ein Sie schließen sich nicht aus. Nähe und ein Sie ebenso wenig.

Warum es diesen Du-Trend auf den Vortragsbühnen gibt, lässt sich einfach erklären: Mittlerweile arbeiten viele mit hypnotischen Sprachmustern. Ich habe ja schon in Kapitel 8 (#armeheben) erwähnt, dass häufig mit Trance gearbeitet wird, damit die Vortragsinhalte direkt im Unbewussten landen. Und bei so einer Trance wird geduzt. Denn wenn wir mit uns selbst sprechen, dann duzen wir uns auch. Wenn ich mir sage: »Komm, Isabel, stell dich nicht so an«, dann ist da ein Du und kein Sie. Da man bei der Hypnose oder Trance genau in diesen Bereich kommen möchte, ist ein Du wichtig. Ich persönlich kenne keinen Hypnotiseur, der seine Kunden siezt. Wenn so ein Hypnotiseur auf der Bühne steht, dann duzt er natürlich auch wie ebenso viele andere, die subtil mit Trancetechniken arbeiten.

Nur bleibt das Du nicht auf Vortragsbühnen und Seminaren. Das Unternehmens-Du verbreitet sich immer mehr in Deutschland: Hans Otto Schrader von Otto hat es vorgemacht und auch der Konzernchef Klaus Gehrig von der Schwarzgruppe (Lidl, Kaufland). Dabei sind die Vorteile des Duzens nicht so offensichtlich wie die Nachteile. Zum Beispiel fühlen sich viele Mitarbeiter unwohl, wenn sie gezwungen werden, alle Kollegen zu duzen. Oder nehmen wir Ikea. Das Möbelhaus duzt in der Werbung einfach alle: »Wohnst du noch oder lebst du schon?« Dies wirkt schon allein deshalb plump-vertraulich und unglaubwürdig, weil die Mitarbeiter in den Ikea-Geschäften natürlich gerne von Kunden mit Sie angesprochen werden wollen. Anders habe ich es jedenfalls nie erlebt. Ja, was denn nun? Die Diskrepanz zwischen der sprachlichen und der gefühlten Du-Nähe frustriert. Und wenn Sie Pech haben, dann arbeiten Sie in einem Unternehmen, wo Sie fast schon entlassen werden, wenn Sie bei dem Du nicht konsequent mitmachen, weil man solche unlockeren Mitarbeiter im Unternehmen nicht brauche.[ii] Dabei haben viele kein Problem mit dem Du an sich, sondern möchten sich nur gerne freiwillig dafür entscheiden. Manche möchten gerne erst die Distanz wahren, um dann in die Nähe zu kommen.[iii] Da hilft es vermutlich, Ex-Kanzler Helmut Schmidt zu zitieren. Der sagte nämlich einst auf die Frage: »Herr Schmidt, wollen wir uns duzen?« – »Ach, bleiben wir doch lieber beim vertrauten Sie.«

#BESSERSPRECHERTIPPS

1. Es geht weder um ein Du noch um ein Sie, sondern um einen respektvollen Umgang miteinander. Fragen Sie sich auch hier wieder: »Was braucht mein Gegenüber, damit wir uns verstehen?« In manchen Branchen und Situationen ist es das Du, in manchen ist es das Sie. Behalten Sie im Hinterkopf, dass Sie von einem Du nicht so leicht wieder ins Sie zurückkehren können, falls Sie es bereuen.

2. Es ist nicht nett, andere Menschen zu beschimpfen. Weder mit Du noch mit Sie. Es wird ja gerne behauptet, dass man leichter »Du Arschloch« sagt als »Sie Arschloch«. Das kann sein. Doch wie wäre es, wenn wir diese Aussage weder mit Du noch mit Sie träfen?

3. Zwingen Sie anderen Menschen bitte kein Du auf. Auch nicht als Geschäftsführer in einem Unternehmen oder als Seminarleiter oder Vortragsredner. Echte Nähe hat etwas von Freiwilligkeit, und die wird mit diesem Befehl genommen.

4. Starten Sie beim Kennenlernen mit einem Sie. Damit können Sie nichts falsch machen. Es könnte höchstens sein, dass Sie mal einen merkwürdigen Blick kassieren, aber dieses Vorgehen ist weder übergriffig noch respektlos. Die angebliche Knigge-Regel: »Nur der/die Ältere darf das Du anbieten«, gibt es übrigens nicht. Im Knigge heißt es sinngemäß: »Jeder darf das Du erst einmal anbieten. Es muss ja – wie gesagt – nicht angenommen werden. Ausnahmen sind Chefs, denen bietet man das Du nicht an, die bieten an. Wenn Sie denn wollen.«

I »Duzen Sie noch, oder siezt du wieder?«, Internetartikel von Uwe Schmitt, »Die Welt«, 10.06.2016, Link: https://www.welt.de/wissenschaft/article156114627/Duzen-Sie-noch-oder-siezt-du-wieder.html

II »Für dich immer noch Sie!«, Internetartikel von Jenny Niederstadt, »WirtschaftsWoche«, 15.05.2017, Link: https://www.wiwo.de/erfolg/beruf/duzen-im-job-fuer-dich-immer-noch-sie/19796574.html

III »Duzen Siezen Knigge«, Internetartikel von Moritz Freiherr Knigge, ohne Datumsangabe, Link: https://freiherr-knigge.de/frag-doch-den-knigge/knigge-ueber-duzen-und-siezen/

17

#ichbotschaften

MYTHOS

Mit Ich-Botschaften kommunizieren Sie wertschätzender.

Warum wir besser kommunizieren, wenn wir uns auf Inseln, Brillen, Landkarten und Bewertungssysteme konzentrieren.

»ICH FINDE DICH DOOF.« – Ich denke, damit ist der obengenannte Mythos widerlegt. Denn so eine Aussage ist alles andere als wertschätzend. Die Grundidee des Psychologen Thomas Gordon war eine ganz andere. Er wollte gerne, dass die Menschen im ersten Schritt zuhören und im zweiten Schritt dann klar aussprechen, wie sie sich damit fühlen, was sie gerade gehört haben. Es ging also um eine Art Selbstoffenbarung, ein Sich-Öffnen für mehr Verständnis und mehr Nähe im Gespräch. Dieser Gedanke ist super. Leider ist mit der Zeit etwas komplett anderes daraus gemacht worden.

Ständig höre ich Ich-Botschaften. Doch nur, weil ein Satz mit »ich« anfängt oder ein »Ich« enthält, ist es noch lange keine Ich-Botschaft im Sinne des Gordon-Modells.[1] Ihm geht es eher um neutrale Aussagen, die so sachlich wie möglich formuliert werden und meinem Gegenüber etwas von mir mitteilen. Also keine Du-Botschaft im Sinne von: »Du liebst mich gar nicht mehr. Du gehst ja lieber mit deinen Freunden in die Kneipe, als mal etwas mit mir zu unternehmen.« Und auch keine Ich-Botschaft, mit der Sie andere verletzen: »Ich finde es so ätzend, dass du ständig mit deinen Freunden in die Kneipe gehst. Ich habe auch schon mit Freundinnen darüber gesprochen, die finden das auch total dämlich.« Es geht vielmehr um solche Aussagen: »Wenn du mit deinen Freunden in die Kneipe gehst, dann habe ich das Gefühl, dass ich dir weniger wichtig bin.« Mit der letzten Aussage fühlt sich das Gegenüber – je nach Tonfall – hoffentlich nicht angegriffen, und Sie können ein gutes Gespräch darüber starten, wie sich beide mit der Situation wohler fühlen könnten.

Die Herausforderung ist nicht, alle Aussagen in Ich-Botschaften zu packen, sondern vielmehr herauszufinden, was der Kern meiner Aussage ist. Wir unterhalten uns häufig über äußere Zwiebelschalen, ohne selbst zu verstehen, worum es uns im Kern geht. Erst wenn ich das für mich verstanden habe, kann ich es ja auch dem Anderen mit einer schönen Ich-Botschaft mitteilen. Wir wollen uns alle geliebt fühlen. Ich nenne es gerne das fünfte Grundbedürfnis neben Trinken, Essen, Schlafen und Fortpflanzung. Es gab zahlreiche grauenvolle Experimente mit Babys und Kleinkindern, die aufgrund mangelnder Liebe gestorben sind oder einen deutlichen Schaden genommen haben.[11] Die Liebe spielt somit bei vielen Konflikten eine Rolle, und Sie können bei dem Aspekt genauer hinschauen. Warum haben Sie ein Problem mit den Kneipengängen? Es geht ja nicht um die Kneipe, sondern darum, dass Sie sich eventuell nicht geliebt fühlen. Woran könnte das liegen? Was brauchen Sie, damit Sie sich geliebt fühlen? Können Sie sich das selbst geben, oder brauchen Sie das auch vom anderen? Wenn Sie so an die Konflikte herangehen, dann können Sie sich mit jedem Konflikt etwas besser kennenlernen.

Die Ich-Botschaft im Sinne des Gordon-Modells macht die unterschiedlichen Bewertungssysteme deutlich. Und es ist hilfreich, wenn Sie diese unterschiedlichen Bewertungen sehen, anstatt sich gegenseitig Vorwürfe zu machen. Die Frau bewertet den Kneipengang als mangelnde Liebe, der Mann bewertet den Kneipengang als schöne Abwechslung vom Alltag. Wenn er also laut sagt: »Ich gehe mal in die Kneipe, da ist die Welt viel bunter«, dann wird die Frau diese Aussage vielleicht wieder so bewerten, dass ein Alltag mit ihr also anstrengend ist und dass er davon eine Auszeit braucht. Dabei wäre sie doch gerne die lohnende Auszeit.

Wir sind alle unterschiedlich. Sehr unterschiedlich. Beim NLP wird gerne davon gesprochen, dass wir alle unterschiedliche Landkarten haben, in der Psychologie nennt man es ein Bewertungssystem, Vera F. Birkenbihl sprach von Inseln, andere nennen es »durch eine andere Brille« sehen oder den Blickwinkel verändern. Es zahlt alles auf dasselbe Ergebnis ein. So wie es schon Eric Berne in der Transaktionsanalyse richtig festgestellt hat: »Ich bin okay, du bist okay.« Wir schauen beide auf dieselbe Situation und sehen doch etwas völlig Unterschiedliches. Dadurch reden wir aneinander vorbei, weil wir alle Situationen unterschiedlich bewerten.

ICH UND DU, MÜLLERS KNEIPE

»Wie kann er nur in die Kneipe rennen« hilft nicht weiter. Vielmehr, dass Sie im ersten Schritt überlegen, was Sie brauchen, was Ihnen fehlt und warum Sie bei diesem Thema so allergisch reagieren. Häufig erinnert uns ein aktuelles Verhalten an eine alte Verletzung. Dies könnten wir unserem Gegenüber erklären, was aber nicht bedeutet, dass nun die gesamte Welt Ihr Bewertungssystem übernehmen muss.

Ich möchte damit deutlich machen, dass eine wertschätzende, konstruktive Diskussion nicht allein mit einer halbherzigen Ich-Botschaft erreicht wird. Es gilt vielmehr, sich selbst noch bewusster wahrzunehmen und kennenzulernen. Und dann neugierig auf das Verhalten des anderen zu schauen: »Warum reagiert er so? Und warum hat er das gesagt?« Falls Sie keine Antwort finden, ist Fragen zu stellen eine gute Möglichkeit. Und zwar ohne verbal um sich zu schlagen. Lernen Sie neugierig den anderen Menschen kennen. Egal ob beruflich oder privat. Neugierde hilft mir da stets weiter: »Wie kommt mein Gegenüber auf diese sehr andere Meinung?« Es geht darum, dieses Verhalten ansatzweise zu verstehen. Das bedeutet nicht, dass Sie damit einverstanden sein müssen. Sie dürfen es trotzdem schade finden, dass er weiterhin so oft in die Kneipe geht.

Vor der wertschätzenden Ich-Botschaft steht also viel Spucke und Geduld. Machen Sie eine Gesprächspause. Denken Sie nach. Fühlen Sie in sich hinein. Auch wenn Sie mal eine E-Mail bekommen haben, auf die Sie gerne sofort mit wütenden Worten reagieren würden: Machen Sie eine Pause. Denken Sie nach. Versuchen Sie die andere Insel, Landkarte, Brille, sprich das andere Bewertungssystem zu verstehen. Erst dann ergibt es Sinn, dass Sie klar in Ich-Botschaften ansprechen, was Sie denken und fühlen.

Ähnlich ergeht es mir mit dem Modell der gewaltfreien Kommunikation nach Marshall B. Rosenberg.[III] Ich schätze es sehr, weil wir uns dabei weniger darauf konzentrieren, unsere Argumente abzufeuern, sondern mehr darauf, wie wir dem anderen gegenüber unsere Wünsche klar äußern können. Auch bei Rosenberg geht es um Ich-Botschaften und darum, die wahren Gefühle und Bedürfnisse zu ergründen, sich dabei Zeit zu lassen und den anderen wahrzunehmen. Abschließend wird dann noch ein Wunsch geäußert, um mögliche Lösungen anzustreben: »Wenn ich sehe, dass du A tust, fühle ich B, weil ich das Bedürfnis nach C habe. Deshalb bitte ich dich, D zu tun.« Falls Ihnen das zu abstrakt klingt, hier ein konkretes Beispiel: »Wenn ich sehe, dass du mit deinen Freunden in die Kneipe gehst, dann fühle ich mich unglücklich, weil ich das Bedürfnis nach Gemeinsamkeit habe. Deswegen bitte ich dich, morgen Abend zu Hause zu bleiben.« Sie greifen Ihren Gesprächspartner nicht an, sondern nehmen neutral wahr, was Sie sehen, sagen, was Sie dabei fühlen und warum Sie das fühlen, und äußern einen Wunsch. Absolut klasse und genau in meinem Sinne. Wenn allerdings auch hier eine neugierige und liebevolle innere Haltung fehlt, dann bekommt selbst die schönste Theorie einen schalen Beigeschmack.

#BESSERSPRECHERTIPPS

1. Gehen Sie bei Ihrem nächsten Konflikt folgendermaßen vor: Kochen Sie sich einen Tee oder Kaffee und überlegen Sie in aller Ruhe, warum Sie dieser Streit so beschäftigt. Gehen Sie den Gefühlen auf den Grund: Warum verletzt es Sie so? Erinnert Sie der Konflikt an ein Ereignis in der Vergangenheit? Was hätten Sie sich damals gewünscht? Was brauchen Sie heute, um damit leichter klar zu kommen? Und fragen Sie sich gerne ein zweites Mal: Was brauche ich wirklich? Denn häufig hauen wir schnell eine Antwort raus: »Der soll zu Hause bleiben« – um bei unserem Kneipenbeispiel zu bleiben. Aber das ist nicht das, was Sie sich wirklich wünschen. Sie können Ihre Motivation auch mit einem Freund oder einer Freundin besprechen. Wahrscheinlich möchten Sie sich geliebt fühlen. Die Frage ist dann, wie Sie dies bekommen könnten, ohne den Kneipengang zu verbieten. Gehen Sie Ihren Gefühlen auf den Grund. Wenn Sie dies ab sofort tun, dann lernen Sie sich Stück für Stück besser kennen und kommen mit zukünftigen Konflikten besser klar.

2. Sie haben Antworten? Super, dann kochen Sie sich erneut einen Tee oder Kaffee, und überlegen Sie neugierig, wie Ihr Gesprächspartner das wohl sieht. Wie bewertet er die Situation? Falls Sie alleine keine befriedigenden Antworten finden, dann fragen Sie. Aber ohne Vorwurf. Einfach nur fragen, damit Sie seine Denkweise einsortieren können.

3. Nun ist es an der Zeit, Ihre Wünsche mit Ich-Botschaften zu äußern. Das klingt zeitaufwändig? Das ist es auch. Zu schnelles Antworten spart selten Zeit. Denn durch die entstandenen Missverständnisse, das Aneinander-Vorbeireden und Wundenlecken investieren Sie viel mehr Zeit in den Konflikt. Da ist es doch schlau, dass Sie erst einmal nachdenken.

4. Nie die Augenhöhe vergessen. Wenn Sie den anderen innerlich verachten, dann helfen auch keine Ich-Botschaft und keine gewaltfreie Kommunikation.

I »Familienkonferenz: Die Lösung von Konflikten zwischen Eltern und Kind« von Thomas Gordon, Heyne Verlag, 2012

II »Liebe – ein Grundnahrungsmittel«, Internetartikel von Ulrich Pontes, »Das Gehirn«, 28.03.2013, Link: https://www.dasgehirn.info/handeln/liebe-und-triebe/liebe-ein-grundnahrungsmittel

III »Gewaltfreie Kommunikation: Eine Sprache des Lebens« von Marshall B. Rosenberg, Jungfermann Verlag, 20.09.2016

18

#kommunikationstypen

MYTHOS

**Ich bin rot, du bist blau,
und Herr Schulze ist grün.**

Was Persönlichkeitsmodelle und Kommunikationstypen gemeinsam haben und wie Regeln aus dem Improvisationstheater bei der Kommunikation helfen können.

»ICH KANN DAS nicht machen. Ich bin doch gelb.« – »Kein Wunder, dass der nicht zuhören kann, immerhin ist er ja rot.« – Haben Sie auch schon mal einen Test gemacht, um herauszufinden, welcher Kommunikationstyp Sie sind? Wir lieben ja solche Tests. Sie können alles Mögliche testen: Verhandlungstyp, Flirttyp, Kommunikationstyp und so weiter. Ich habe sie gemacht und weiß nun, dass ich eine kommunikative, romantische Perfektionistin bin. Die Frage ist: Trifft das immer zu oder nur in bestimmten Situationen? Und die zweite Frage ist: Was fange ich mit diesem Wissen an?

Vor über 20 Jahren haben wir in unserer Familie mal so einen professionellen Persönlichkeitstest gemacht. Damals war es das Modell HBDI, bei dem vier Denkpräferenzen unterschieden werden: analytisch, experimentell, praktisch und zwischenmenschlich. Ich fand es spannend zu sehen, wie verschieden wir alle waren. Mein Vater, meine Mutter, meine Schwester und ich. Das wussten wir natürlich auch schon vorher, aber die Grafikergebnisse haben es schön anschaulich gezeigt, und dadurch wurde mir erst so richtig bewusst, dass es andere Landkarten gibt (Kapitel 17 #ichbotschaften). Der eine denkt zum Beispiel sachlicher, der nächste ist kreativer, emotionaler oder konservativer. Ich habe gemerkt, dass ich dadurch mehr Verständnis für mich selbst und auch für andere entwickelt habe und mich bei Konflikten nicht mehr so persönlich angegriffen fühle. Ich bin weggegangen von »Was für ein Vollpfosten«-Gedanken zu »Der ist anders«. Ich habe dadurch diese Andersartigkeit eines jeden Menschen erst so richtig verstanden. Was mir bei dem

Test damals so gut gefallen hat, ist die Aussage, dass wir uns ständig ändern. Der Test wird also von vielen in regelmäßigen Abständen wiederholt, um die Entwicklung zu verfolgen. Und was mir auch sehr gut gefiel: Jeder Mensch vereint alles in sich. Jeder hat also zum Beispiel einen sachlichen, kreativen, emotionalen und konservativen Teil, der nur jeweils unterschiedlich ausgeprägt ist. Mein sachlicher und analytischer Anteil war deutlich geringer als zum Beispiel bei meinem Vater. Aber immerhin existierte etwas Sachlichkeit in mir.

Danach probierte ich mal das DISG-Modell aus, bei dem es auch um vier Anteile in uns geht: dominant (direkt, bestimmt), initiativ (optimistisch, aufgeschlossen), stetig (einfühlsam, kooperativ) und gewissenhaft (bedacht, korrekt). Das gefiel mir persönlich etwas weniger, was aber an den beiden Trainern lag, die mit mir diesen Persönlichkeitstest durchgeführt haben, und nicht an dem DISG Modell an sich. Denn auch dort wird klar darauf hingewiesen, dass jeder Mensch alle Facetten in sich hat, die wie beim HBDI farblich mit grün, rot, blau und gelb dargestellt werden. Anstatt aber diese Vielfalt klar zu zeigen, pressen einige Trainer die Teilnehmer in die farblichen Schubladen, woraus dann eben entsteht: »Ich bin blau.« – »Ach echt? Ich bin grün.« Nein. Vergessen Sie die Schubladen. Sie sind alles.

Im ersten Schritt kann so ein extremes Schubladendenken, das von so vielen Trainern beigebracht wird, helfen, aber im zweiten, dritten und vierten Schritt führt es häufig zu schrecklichen Gesprächssituationen. Weil ich weder mich noch mein Gegenüber aus dieser Schubladenfalle wieder heraushole. Insights Discovery ist ein ähnliches Modell wie DISG und arbeitet auch mit den Farben. Mein Kollege Gereon Jörn arbeitet mit diesem Modell und sagt: »Natürlich dürfen Sie in Schubladen denken. Rot, gelb, grün und blau sind ja auch Schubladen. Aber passen Sie auf, dass Sie die Schubladen offenlassen, sonst klemmen Sie sich die Finger.« Bleiben Sie offen für die Situation. Wenn dies jeder Trainer dieser zahlreichen Persönlichkeitsmodelle den Teilnehmern beibringen würde, dann wäre dieses Thema nicht in meinem Mythosbuch gelandet.

Die Grundidee ist gut. Neben diesen verhaltensbasierten Systemen wie DISG, Insights Discovery, Struktogram (mit nur drei Farben), MBTI, Enneagramm und vielen anderen gibt es auch die wertebasierten Systeme. Verhaltensbasiert bedeutet, dass ich sofort mein Verhalten erkenne und auch das meines Gegenübers schnell einschätzen und dementsprechend reagieren kann. Wenn ich weiß, welche Farbe mein Gegenüber im Moment auslebt, dann weiß ich auch, wie er gerade angesprochen werden möchte.

Bei den wertebasierten Systemen wird darauf geschaut, welche Werte welchem Menschen wichtig sind. Zum Beispiel beim Reiss-Profil und bei LUXX. Bei diesen Modellen kann ich mich selbst noch besser erkennen und kennenlernen. Ich kenne nach so einem Test meine aktuellen Bedürfnisse, die mich antreiben, steuern und sich dementsprechend auf mein Verhalten auswirken. Allerdings kann ich mein Gegenüber nicht so schnell aufgrund seines Verhaltens einsortieren, weil die Werte häufig nicht sofort sichtbar sind.

Persönlichkeits- und Kommunikationsmodelle sind so unglaublich beliebt, dass immer mehr aus dem Boden gestampft werden. Alle basierend auf Hippokrates, der die vier Begriffe Blut, Schleim, gelbe und schwarze Galle verwendet hat. Offiziell gilt für fast jedes Modell, dass wir alle jede Facette und jeden Typen in uns drin haben. Nur wird dies eben von sehr vielen Trainern in dieser Form nicht beigebracht. Nach einer kurzen Erwähnung, dass ein Mensch jeden Kommunikationstyp in sich haben kann, wird die Information schnell zur Seite gewischt und danach hauptsächlich mit Schubladen gearbeitet, die – im Gegensatz zur Aussage von Gereon Jörn – fest verschlossen werden.

Ich finde es gut, wenn wir mal aus Spaß so einen Test machen, ihn als Anregung zur Weiterentwicklung nehmen oder dadurch feststellen, dass wir alle anders sind. Doch diese starr ausgelegten Schubladenergebnisse nehmen immer mehr Raum ein.

Ich komme in Unternehmen, in denen tatsächlich jemandem verziehen wird, dass er immer Recht haben muss, die Verantwortung stets weit von sich weist und nicht zuhören kann. Dies wird akzeptiert, weil er ja der rote Typ sei. Der könne ja nicht anders. Aber er hätte auch den Vorteil, dass er charismatisch sei und somit alles verkaufen könne. Diese roten Typen würden den Laden aufrechthalten. Und weil dem so sei, wird über seine Macken hinweggesehen.

Auf diesen Ergebnissen ruhen sich dann viele Mitarbeiter aus, weil sie ja angeblich nicht anders können: Sie sind ja eine Farbe. Und diese Farbe ist nun festgelegt. Keine Weiterbildung dieser Welt wird dies verändern. Da Sie meinen Tonfall gerade nicht hören: Er trieft vor Ironie.

Häufig wird dieser Test mit den Kommunikationstypen auch nur einmal gemacht. Es gilt die Meinung: »Nein, ich brauche keinen Test mehr auszufüllen. Das habe ich schon vor 20 Jahren gemacht.« Ich frage mich, warum Unternehmen Trainer engagieren, die dieses Schubladendenken mit den Kommunikationsmodellen verbreiten, und gleichzeitig Persönlichkeitstrainer für die Weiterentwicklung. Das widerspricht sich doch. Laut zahlreicher Unternehmensmeinungen nicht, deswegen lassen sie diese Tests jeden Mitarbeiter machen, damit sie die schon vor der Einstellung einsortieren können. Wer ist dominant, wer ist emotional, wer ist kreativ und wer ist eher sachlich? In welche Abteilung packen wir wen, und wie setzen wir unsere Teams zusammen, damit in jedem Team eine Farbe vertreten ist? An sich ein schlauer Gedanke, doch anstatt Teams auf diese Art zusammenzusetzen, wäre es schlauer, wenn wirklich jedem Mitarbeiter dabei geholfen wird, jeden Anteil in sich stärker auszuleben. Doch das wäre wahrscheinlich zu kompliziert, die Schubladen sind ja einfacher.

Eine liebe Bekannte erzählte mir bei einem Spaziergang, dass ihre Kollegen einmal völlig überrascht waren, weil sie ganz anderes reagiert habe, als es ihrem Kommunikationstyp entspräche. Mit anderen Worten: Wehe, Sie verändern sich. Dann müsste Ihr Umfeld Sie ja aus der Schublade nehmen. Viel zu anstrengend. Und dann müsste man ja erst eine neue Schublade finden. Nur welche?

Als ich noch Stimmtrainings für Mitarbeiter in großen Telefonzentralen gegeben habe, sah ich immer wieder vier Zettel auf den Schreibtischen. Jeder Zettel war in einer anderen Farbe und sollte einen Kommunikationstypen darstellen. Die Mitarbeiter sollten im Telefonat sehr schnell herausfinden, welchen Kommunikationstyp sie wohl am anderen Ende der Leitung haben, und dann nur noch so reden, wie dieser Typ – laut Liste – am liebsten angesprochen wird. Der blaue Typ mag zum Beispiel keinen Smalltalk, also kommen Sie bei dem sofort zur Sache. Der rote Typ braucht viel Bewunderung, also machen Sie ihm viele Komplimente. Das Leben kann so schön einfach sein. Wir packen einfach alle in Schubladen: Mitarbeiter und Kunden. Wir lernen dann einmal auswendig, wie wer angesprochen werden will, und ärgern uns, wenn jemand seine Schublade verlässt.

EIN LEBEN PASST NICHT IN EINE SCHUBLADE

Ich finde, dass hier aus einem psychologischen Thema ein Kommunikationsthema gemacht wird. Es geht doch weniger darum, mit welchen Worten ich wen genau anspreche, sondern eher darum, ob ich in der Lage bin, Andersartigkeit zu akzeptieren. Genau das wollen die Persönlichkeitsmodelle zwar erreichen, es wird aber oft nicht gelebt. Die Frage ist, ob ich den Wunsch verspüre, mir das Bewertungssystem des anderen genauer anzuschauen. Und – mal wieder – spielt es eine große Rolle, mit welcher Haltung ich an diese Modelle herangehe. Sie als Anregung zu nehmen, darüber hinaus aber neugierig auf den Ist-Zustand zu schauen und mich auf Überraschungen einzustellen, wäre super. Das erlebe ich aber selten in den Unternehmen, in denen dieses Kommunikationstypen-Schubladendenken so stark gelebt wird.

Sehr schade. Erstens finde ich nicht, dass wir in eine Schublade gehören, zweitens ändern wir uns alle ständig, drittens ist kein Typ besser als der andere, und viertens frage ich mich immer noch, was ich mit diesem Wissen nun anfangen soll.

Weil ich genau dort nicht weiterkam, habe ich dann mein eigenes Modell mit den Elementaren Kommunikationstypen® entwickelt.[II] Ohne Schubladen, ohne negative Bewertungen einzelner Typen, mit dem Wissen, dass sich stündlich alles ändern kann, und dem entscheidenden Schritt weiter: einer klassischen Konditionierung. Damit kann jeder jeden Anteil in sich aktiveren. Denn das ist das Ziel meines Modells, und was es so besonders macht: Wir kommunizieren am besten, wenn wir alle vier Typen in uns aktiveren können. Und somit alle Anteile ausleben. Manche stärker, manche schwächer. Aber alle sind da und können genutzt werden. Kein Ausruhen auf dem Ist-Zustand.

Bei meinem Modell nutze ich die Elemente Feuer, Erde, Wasser und Luft. Wobei die Erde sachlich ist, das Feuer charismatisch, das Wasser emotional und die Luft kreativ. Wenn Sie all diese Anteile in sich entdecken und aktivieren, dann geht es weniger um die Frage, wer ich bin, sondern darum, was ich brauche. Brauche ich mehr Sachlichkeit für eine Verhandlung? Dann aktiviere ich die Erde. Brauche ich mehr Leichtigkeit? Dann aktiviere ich die Luft in mir. Brauche ich mehr Emotionen? Dann aktiviere ich das Wasser in mir. Und wenn ich mehr Präsenz und Überzeugungskraft brauche, dann aktiviere ich meinen eigenen Feueranteil. Alles schlummert in mir, und alles möchte ausgelebt werden. Ohne Schauspielerei und Verbiegen.

Sie können natürlich auch mit dem Ergebnis von einem der vielen Persönlichkeitsmodelle zu einem Coach oder Therapeuten gehen und nachhaltig daran arbeiten, mit sich selbst oder auch anderen besser klarzukommen. Mit etwas Hilfe kann die Brücke zwischen den Erkenntnissen und der Umsetzung hergestellt werden. Denn nur das reine Wissen hilft meistens nicht weiter. Ein Choleriker wüsste, rein nach dem Modell, dass es sich nicht lohnt, bei Konflikten dermaßen aus der Haut zu fahren. Das hätte er vor dem Test wahrscheinlich auch gewusst. Er ist zwar cholerisch veranlagt, aber nicht blöd. Doch das Wissen allein reicht häufig nicht aus, weil er noch keine Lösung dafür hat, wie er aus dieser Emotion aussteigen kann. Oder ein Melancholiker weiß nach so einem Test, dass er alles zu persönlich nimmt und dies unterlassen sollte. Auch hier besteht die Problematik, dass er nur allein mit dem Testergebnis nicht weiß, wie er aus dem Gefühlschaos aussteigen soll.

Deswegen gibt es auch so viele Psychiater und Therapeuten, die kopfschüttelnd auf die vielen Modelle schauen und noch heftiger erbost den Kopf schütteln, wenn in Vorträgen und Seminaren leichte Lösungen angeboten werden, die mit dem echten Leben wenig zu tun haben und nicht zu einer wertschätzenden Kommunikation führen. Dafür gilt es, mein Gegenüber zu sehen. Im Hier und Jetzt. Und immer wieder neugierig auf diese Andersartigkeit zu schauen, darüber hinaus in mir zu ruhen und mit Gelassenheit neue Lösungsmöglichkeiten zu sehen.

Das klingt alles so einfach. So logisch. Die gute Nachricht: Es ist auch leicht und logisch. Und gleichzeitig ist es viel Arbeit. Hauptsächlich an sich selbst. Wenn ich schon eine grobe Ahnung von mir selbst habe, kann ich auch mit mir umgehen. Zum Beispiel indem ich Situationen aus dem Weg gehe, in denen ich nur verlieren kann. Ein Choleriker kann zum Beispiel das Konfliktgespräch abbrechen und das Gespräch verschieben, damit er erst einmal wieder einen klaren Verstand bekommt, bevor er weiterdiskutiert. Oder er kann mit meinem Modell den Erdeanteil in sich aktivieren. Ich kann mir also Strategien überlegen und darf sie wieder über den Haufen werfen, wenn mir in einer bestimmten Situation etwas ganz anderes helfen würde. Sich selbst stets bewusst wahrzunehmen, ist die eine Aufgabe, die bei meinen Teilnehmern dazu führt, dass sie deutlich entspannter und gelassener sind. Und das ist wiederum eine großartige Basis, um dann neugierig auf alle anderen zu schauen und herauszufinden, warum sie gerade anders sind. Das wird Ihnen mal mehr und mal weniger gelingen. Es ist ein stetiges Dazulernen und Achtsambleiben. Seien Sie rücksichtsvoll und geduldig mit sich selbst, falls Sie es mal nicht sofort hinbekommen.

Da Gelassenheit, Augenhöhe und Interesse eine große Rolle in einem guten Gespräch spielen, orientiere ich mich gerne an drei Regeln aus dem Improvisationstheater.

Die erste Regel: Verlangen Sie nur 70 Prozent. Sie hatten ein ärgerliches Telefonat, bei dem Sie nicht gut reagiert haben? Das gehört zu den 30 Prozent. Eine Kundin hat sich erbost über ein Produkt beschwert? Das gehört auch zu den 30 Prozent. Sie haben in einer Verhandlung nicht Ihren Preis bekommen? Auch wieder die 30 Prozent. Diese 70 Prozent helfen Ihnen dabei, glücklicher durchs Leben zu gehen und entspannter zu kommunizieren. Wir Deutsche sind häufig zu perfektionistisch, wollen gerne überall glänzen und ärgern uns über Fehler. Doch das Ärgern macht uns schlecht. Es schwächt unser Denken und somit auch unsere Kommunikationsfähigkeit. Wenn Sie nur 70 Prozent von sich erwarten, dann gehen Sie entspannter mit Pannen um, weil Sie die ja eh eingeplant haben.

Die zweite wichtige Regel beim Improvisieren ist: Alles ist ein Angebot. Ob Sie jemand lieb anlächelt oder anbrüllt, spielt keine Rolle. Beides ist ein Angebot. Das eine ist schöner als das andere, aber zur Sparte Gesprächsangebote zählen beide. Sie entscheiden, ob Sie die Angebote annehmen möchten. Und das bringt wieder viel Leichtigkeit, wenn Sie nicht mehr denken, »der blöde Kerl schreit mich einfach an«, sondern »das ist ein Angebot, das ich nicht annehmen werde«. Es ist kein »Schreien« mehr, sondern ein »Angebot«. Ich habe schon im ersten Kapitel (#verschränktearme) erklärt, dass ein gutes Gespräch auf Augenhöhe abläuft. Und diese Augenhöhe erreichen Sie viel leichter, wenn Sie neugierig auf den anderen schauen und sich fragen, ob Sie das Angebot annehmen oder nicht.

Und damit Sie wertschätzend zuhören können, ist die dritte Regel aus dem Improvisationstheater wichtig, nämlich die eigene Idee loszulassen und damit in Betracht zu ziehen: Vielleicht gibt es etwas Besseres. Wenn Sie bei jedem Vorschlag nur überlegen, wie das zu Ihrer eigenen Idee passt, dann geben Sie der Idee Ihres Gegenübers kaum eine Chance. Das ist dann wieder keine Augenhöhe. Also schieben Sie Ihr Ego und die eigene Idee erst einmal zur Seite. Hören Sie hin. Seien Sie neugierig. Falls die Idee des anderen nicht so gut ist, können Sie immer noch von Ihrer Idee berichten.

#BESSERSPRECHERTIPPS

1. Ein Persönlichkeitstest ist spannend und vielleicht ein Einstieg für Sie, um sich selbst besser kennenzulernen. Da die meisten Modelle kleine Schwächen haben, könnten Sie sowohl ein wertebasiertes als auch ein verhaltensbasiertes Modell an sich testen. Die ergänzen sich wunderbar.

2. Nichts ist in Stein gemeißelt. Sie nutzen unbewusst jede Stunde ständig einen anderen Kommunikationstypen. Sie wechseln unbewusst je nach Situation und Gesprächspartner. Wenn Sie die Schubladen offenlassen und sich stets neu auf eine Situation einstellen, dann können Sie diese unbewusste Stärke auch bewusst einsetzen.

3. Nehmen Sie mit den entspannten Regeln aus dem Improvisationstheater Druck aus der Situation: #70prozent #angeboteannehmen #eigeneideeloslassen.

I »Persönlichkeitsmodell – die 6 besten im Vergleich«, Internetartikel von Carlo Düllings, Empathie Akademie, 26.02.2014, Link: http://www.empathie-lernen.de/category/persoenlichkeitsmodelle

II »Ich kann auch anders« von Isabel García, Econ Verlag, 2016

Die Worte zum Schluss

Ich habe dieses Buch von mehreren befreundeten Experten gegenlesen lassen, die mir sagen sollten, ob aus ihrer Sicht alles korrekt ist. Ich bin mir zwar bei meinen Aussagen sicher, aber eine zweite und dritte Meinung kann nie schaden. Eine Kollegin ist die Psychologin Kilia M. Ultes und die andere ist Kirsten Dehmer, die unter anderem Expertin für Körpersprache ist. Kirsten meinte zu mir, dass manche meiner #bessersprechertipps schwammig klingen würden. Ihre Erfahrung ist auch, dass die Menschen eben das Schubladendenken lieben. Doch mit einer zu starken Vereinfachung geht häufig die korrekte Aussage flöten. Deswegen steht in diesem Buch auch immer wieder die Aussage, dass Dinge so oder so gesehen oder gemacht werden können. Ich äußere mich nicht deshalb so weich, weil ich keine Position beziehen möchte, sondern weil meine Position in der soliden Grauzone ist. Daher gibt es von mir eher Tipps und Aussagen, bei denen Ihre Mitarbeit gefragt ist.

Jetzt könnten Sie zu Recht monieren, dass ich doch auch ständig Aussagen treffe, ohne immer Quellen anzugeben. Stimmt. Die Quellen gebe ich dann an, wenn ich Dinge behaupte, die nicht meiner Meinung entsprechen. Oder wenn ich von einer bestimmten Studie rede. Bei den Punkten, die ich als Wissen weitergebe, tausche ich mich aktiv mit Profis aus, greife auf meine Erfahrungswerte von 25 Jahren Training zurück und auf meinen Menschenverstand. Und das Wichtigste ist: Ich behaupte nicht, dass eine Sache immer funktioniert. Ich behaupte nicht, dass ich eine Studie hätte, und ich stelle stets klar, dass dies meine persönliche Trainermeinung ist.

Ein Freund von mir fragte mich, warum ich im Buch ständig »Deutschland« erwähne und betone. Der Grund: In vielen Ländern existieren diese starren Kommunikationsregeln nicht oder werden bewusst links liegengelassen. Ich habe mal für ein internationales Unternehmen in Berlin einen Vortrag gehalten. Dabei waren Mitarbeiter aus den USA, Deutschland und eine Mitarbeiterin aus Schweden. Ich erwähnte einige Mythen und Klischees und alle bogen sich vor Lachen. Nur eine Person nicht. Die Schwedin. Sie schaute immer wieder verständnislos in die Runde und meinte: »Das macht doch keiner so.« – Und ihr Chef antwortete: »Doch. Ganz viele.« – »Ernsthaft? Aber warum macht ihr das so? Ich kenne das nicht.«

Ja. In den skandinavischen Ländern und auch anderswo wird anders miteinander kommuniziert. Aber in Deutschland sind viele Regeln in Stein gemeißelt. Wenn diese dann zumindest korrekt wären, dann hätte ich auch nicht solche Bauchschmerzen damit. Doch leider hat sich hier und da der Sinn verabschiedet.

Entspannen Sie sich. Gehen Sie mit Spaß an die Regeln heran, und halten Sie sich nur an die, welche zu Ihnen passen und für Sie sinnvoll sind. Übernehmen Sie Verantwortung für Ihre Kommunikation. »So wird das hier aber gemacht«, »das gehört sich doch so«, »das war schon immer so« oder »irgendjemand wird sich schon was Schlaues dabei gedacht haben«: Lassen Sie so etwas als Ausrede nicht mehr gelten.

Machen Sie aus dem Reden, dem Miteinanderplaudern keine Wissenschaft. Schwarz-Weiß-Denken ergibt in der Kommunikation keinen Sinn. Ebenso wenig die vielen Schubladen, in die wir uns immer wieder gegenseitig stecken.

Sprechen Sie andere bitte nicht so an, wie Sie angesprochen werden möchten, sondern sprechen Sie so, wie Ihr Gegenüber gerne angesprochen werden möchte. Das sind zwei Paar Schuhe. Oder drei oder eine Million. Mit Neugierde und ehrlichem Interesse kommen Sie deutlich weiter, als mit zig für die Situation unpassenden Regeln.

Genießen Sie die Grauzone und richten Sie sich grob an folgende Leitplanken:

- Es gibt kein Müssen, kein Immer, kein Nie und kein Nur.
- Nichts ist so schlimm, dass Sie es nie machen dürfen, und nichts ist so toll, dass Sie es immer machen sollten.
- Nehmen Sie sich selbst bewusst wahr.
- Denken Sie an den Dominoeffekt: Bauchgefühl/Gedanke = bewusste Emotion = Mimik = Körpersprache = Stimme = Wortwahl

Und dann gibt es noch die eine feste, unumstößliche Regel: Haben Sie Spaß!

Ohne euch gäbe es mich nicht

Jahrelang ging ich mit dem Buch schwanger. Die Inhalte standen fest, die Recherchen waren fast abgeschlossen, und dann kam es: das Leben.

Ausgerechnet als ich endlich mit dem Schreiben loslegen wollte, stürzte mein Leben an allen Ecken und Enden zusammen. Viele private Katastrophen, die mich im Innersten erschüttert haben. Das wäre das Ende für dieses Buch gewesen.

Dank Danja Hetjens ist das Buch trotzdem noch rechtzeitig veröffentlicht worden, weil sie das Unmögliche möglich gemacht hat. Der Campus Verlag hat zwei Monate schneller gearbeitet, damit ich diese Monate meine Wunden lecken, mich aufrappeln und schreiben konnte.

Trotzdem saß ich zwei Wochen vor der absolut letzten Deadline heulend da und wollte nicht mehr. Sah kein Licht am Ende des Tunnels und wusste, dass es nicht zu schaffen ist.

Doch dann kamen meine Freunde, haben mir ein Taschentuch gereicht und gesagt: »Wir schaffen das. Wir helfen dir, wo wir nur können.«

Kilia M. Ultes hat inhaltlich alles strengstens kontrolliert. Ich will ja kein Buch veröffentlichen, bei dem mir dann ähnliche Fehlinterpretationen passieren, wie ich sie bei anderen ankreide. »Rechtschreibfehler doch nicht, oder? Ich schaue nur auf den Inhalt, richtig?« Ja.

Denn zum Korrekturlesen hatte ich noch Volker Kraska. Er war mein Blick von außen. Mein Testleser. Deckte eine Unstimmigkeit nach der anderen auf und stellte Fragen, bei denen ich dachte »das ist doch selbstverständlich« und »weiß doch jeder«. Nein, das weiß eben nicht jeder, und somit war es gut, dass er sowohl mit fragenden Augen auf den Inhalt geschaut hat, als auch den einen oder anderen Tippfehler fand. »Ob das inhaltlich korrekt ist, kann ich natürlich nicht beurteilen.« Nein.

Dafür hatte ich neben Kilia noch Kirsten Dehmer. Sie hat einen Vollzeitjob, zwei Kinder, zwei Katzen, zwei Wohnsitze und hat trotzdem jedes Kapitel auf ihrer Prioritätenliste ganz nach oben gepackt und inhaltlich geprüft. »Ein bisschen lang, die Kapitel. Aber inhaltlich top!« Stimmt. Die Kapitel sind lang.

Aber dafür war ganz am Ende Tom Grote zuständig. Er ist Autor und hat mit dieser Brille das gesamte Buch in Ruhe, aber in Rekordzeit durchgelesen. Die Ideen zu den meisten lustigen Zwischenüberschriften sind von ihm. Als Autorin – vor allem unter Stress – verliere ich manchmal den Blick fürs Wesentliche und frage mich, ob das Buch in sich noch rund ist. Diesen prüfenden Blick am Ende hat Tom übernommen und mich noch einmal auf viele Punkte hingewiesen, bei denen ich mich unklar ausgedrückt oder einige nützliche Informationen vergessen habe.

Als ich zweifelte, ob dieses Buch überhaupt jemanden interessieren wird, gab Kilia die ersten Kapitel Kolja, der schon nach dem Vorwort Feuer und Flamme war und mir mit diesem Feedback Mut machte.

Gereon Jörn hat sich die Mühe gemacht, das Kapitel über die Kommunikationstypen kritisch zu beäugen. Er ist der absolute Experte für die unterschiedlichsten Modelle, und ich habe einen großen Luftsprung gemacht, als von ihm kam: »Alles korrekt. Es ist genauso, wie ich es auch in der Praxis erlebe.«

Bei den Recherchen haben mich Juliane Kunz und Lars Kaprolat unterstützt. Sehr praktisch, dass ich mich nicht für jede Recherche persönlich in die Bibliotheken setzen musste.

Ich möchte auch meiner Mutter herzlich danken, die extra auf eine Woche Urlaub verzichtet hat, damit ich in Ruhe schreiben kann. Wir hatten ausgemacht, dass sie in den wohlverdienten Urlaub darf und ich währenddessen ihre Tiere hüte. Hätte sie nicht darauf verzichtet, hätte ich es wohl nicht geschafft.

Mir ist bewusst, was ihr mir alle geschenkt habt. Zeit. Das Wertvollste, was wir überhaupt haben. Und davon eine Menge. Wochenlang habt ihr alles links liegen gelassen, um zu lesen, zu verbessern, mir Kaffee zu kochen, mich per Telefon, E-Mail, WhatsApp oder live aufzumuntern, mir Vitamindrinks zu schenken und einfach für mich da zu sein.

Ohne euch gäbe es dieses Buch nicht.

Danke. Von Herzen. Danke.

Erwähnte Experten, die ich sehr schätze

Kirsten Dehmer / Expertin für Körper, Wirkung und Image / #kirstendehmer

Kilia M. Ultes / Dipl.-Psychologin und Expertin für NLP, Hakomi, Hypnose, etc. / #kiliaultes

Stefan Verra / Experte für Körpersprache / #körpersprecher

Michael Rossié / Experte für Rhetorik / #sprechertraining

Mathias Fischedick / Mental- und Businesscoach / #mindbuilder

Jan von Berg / Hypnosetherapeut / #janvonberg

René Borbonus / Experte für Rhetorik und Respekt / #communico

Lutz Herkenrath / Experte für Kommunikation und Motivation / #wirkenkommtvomselbst

Johannes Warth / Ermutiger und Überlebensberater / #johanneswarth

Jens Corssen / Diplom-Psychologe und kognitiver Verhaltenstherapeut / #selbstentwickler

Gereon Jörn / Persönlichkeitstrainer / #potenzialwecker